マイクロソフト チームズ

# Teams soft

## 目指せ達人 基本 & 活用術

東弘子［著］

マイナビ

## はじめに

Teamsは、昨今のテレワーク需要に伴い、急速に利用者が増えているコミュニケーションツールです。代表的な機能であるビデオ通話やビデオ会議が注目されがちですが、メールやチャットなどの機能も充実していて、チームに必要なさまざまなコミュニケーションをこれ一つで完結できます。また、情報やファイルの共有・管理、共同作業のための機能も備え、単なるコミュニケーションに留まらず「チームでの作業を効率化」できるアプリでもあります。

本書はそんなTeamsを有効活用するための一冊です。「オンラインで会議や打ち合わせに参加したい」「Teamsでファイルを共有したい」といった基本をていねいに解説するのはもちろん、「会議の議事録を自動で残したい」「画面を映しながらよりわかりやすく打ち合わせをしたい」「会議を開催してスムーズに進行したい」といった一歩進んだ活用のための機能、またそれらを使いこなすためのコツまで幅広く紹介しています。Teamsの快適な利用のために、末永くお付き合いいただける一冊になりますと幸いです。

2021年2月
東弘子

# Contents

●目次

## Chapter1　Teamsを使い始める前に ……………… 11

## Chapter 2　チームとチャネルを活用・管理する ……… 31

## Chapter 3 メッセージを活用する …………………………… 69

## Chapter4 チャットを活用する

## Chapter5 ファイルを共有する

## Chapter6 通話(ビデオ・音声)を利用する ……… 171

# Chapter 8 その他の便利機能 ················ 231

# 本書の使い方

◎大事なポイントが箇条書きになっているからわかりやすい！
◎詳しい操作手順でつまづきやすいポイントもしっかり解説
◎コラムとHINTで、使い方や詳しい情報を徹底網羅
◎スマホ版の解説も充実！

重要なポイントは、
まずここで確認しましょう

ていねいな手順があるから
迷わず操作できます

## 09 使用する組織を切り替える

Point
●複数の組織に参加している場合、画面を切り替えて利用する
●参加組織が一つの場合は、選択肢は表示されない

### 1 利用する組織を選択する

ゲストで参加しているなど、1
つのアカウントで複数の組織
に参加している場合、プロ
フィールアイコンの横に表示
される組織名から、利用する
組織を切り替えます。

 HINT **プライベートのTeams もここから選択できる**

個人用の用途（P252）で利用す
る場合も、ここに選択肢が追加
され、切り替えできます。

知っておくと
便利な情報や、
効果的な使い方を
紹介しています

## スマホで組織を選択するには

スマホのTeamsも同様に、組織を切り替えて使用できます。メニュー表示用のアイコンをタップし、利用したい組織をタップします。

スマホ版も
操作手順つきで
紹介しています

※一部スマホの
説明を省略している
機能もあります

# Chapter1

# Teamsを
# 使い始める前に

Microsoft Teamsはチーム内のコミュニケーションを円滑にするためのツールです。チャットやビデオ会議をはじめ、テレワークにも役立つ機能をたくさん備えています。この章ではTeamsの主な機能と基本の使い方、アカウントの作成方法などを説明しています。まずはアカウントを作成してTeamsを使う準備をしていきましょう。

## 01 | Microsoft Teamsとは?

Microsoft Teamsは、会社や学校などの組織で、チーム内のコミュニケーションを円滑かつ効率的にするためのツールです。情報のやり取りや共有、会議、共同作業に役立つさまざまな機能が備わっています。

## Teamsならこんなことができる

### 1 コミュニケーションの円滑化、作業の効率アップを1つのアプリで実現

Teamsには、これまで利用していたメール、チャット、電話、また対面までも含め、すべてのコミュニケーションを完結できる機能が備わっています。テレビ会議用、チャット用など、別々のアプリを使用する面倒がないのはもちろん、これらを組み合わせることで、より手軽にコミュニケーションの充実が図れます。

また、単に連絡が取れるだけでなく、チームでの作業をより便利に進めるための工夫が豊富に盛り込まれているのも大きな特徴です。チームで使えるチャットやファイルスペースなど情報の共有に役立つ機能はもちろん、離れた場所でも一緒に作業ができる共同編集、やり取りの内容を効率的に記録できる機能などにより、時間や負担をかけずにコミュニケーションの質を高め、作業の効率化を図ることができます。

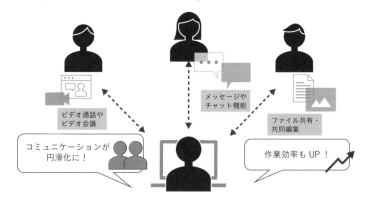

 **ビジネスの定番、ExcelやPowerPointとの連携もTeamsならではのメリット**

Microsoftの提供するTeamsは、ビジネスの定番ツールであるOffice 365との統合による便利さも、他のコミュニケーションアプリにはない大きなメリットです。ExcelやPowerPointなどのOfficeアプリのファイルは、クリックするだけでTeams上で開くことができ、そのまま共同作業もできます。また、重要な情報のやり取りも含まれるビジネスにおいては、Microsoft製であるという安心感も強みのひとつといえるでしょう。

## 2 距離に関わらず作業ができる、テレワークにも適した豊富な機能

Teamsは、ちょっとした打ち合わせに適した「ビデオ通話」、大人数での会議にも対応する「ビデオ会議」双方の機能を備えています。離れた場所での共同作業に便利な機能に加え、ビデオのオン・オフの選択、背景の置き換えなど、自宅や出先からの利用に配慮した機能も用意されており、テレワークにも最適なアプリとなっています。

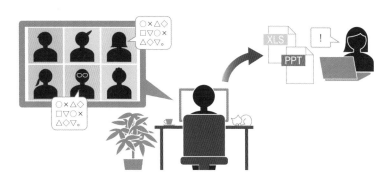

## 3 ペーパーレスにも貢献、チームの情報の一元管理

Teamsは、その名の通りチーム単位で情報を活用するのに役立つツールです。チームのチャットやチームのファイルスペースなどを使うことで、必要な情報を全員で自動的に共有できます。「どこかに集める」という作業なしで情報を一元化でき、紙を用いた回覧や書類の提出なども不要にできます。

---

 **フル活用のポイントは気軽に使えるルール作りにあり**

便利な機能があっても、職場の上司や目上の人相手には使いにくいなどの雰囲気があるとその真価は発揮できません。メールでは定番の「お疲れ様です」などの冒頭の挨拶はチャットには入れない、「読みました」「了解しました」などの返事は「いいね!」機能で済ませる、会議はできるだけオンラインを使うなど、ルールを明確にしたり、Teamsへの理解を深めてもらうことで、誰もが活用できるようになるとより効果的です。

# Teamsの主な機能

## 1 チャット

個人・グループでチャットができ、素早いコミュニケーションを実現します。チャットからワンクリックでの通話発信、添付ファイルの共有スペースへの自動保存など、他の機能との連携で便利さもプラスされています。

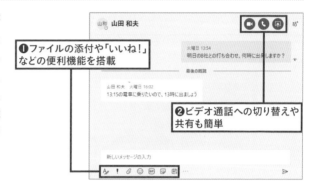

❶ファイルの添付や「いいね！」などの便利機能を搭載

❷ビデオ通話への切り替えや共有も簡単

## 2 チーム

チームでのやり取りや共同作業を円滑にする機能です。チームで使うチャット、ファイルファイルスペース、Wikiなどがあらかじめ用意され、すぐに利用できます。チーム内にチャネルを作ることで、話題や目的ごとに情報を整理することもできます。

❷手間をかけずに情報を共有できる

❶チーム単位のやり取りを効率化

## 3 通話機能

1対1はもちろん、複数での通話も可能です。ビデオ通話・音声通話のどちらも利用でき、状況に応じて便利に使い分けできます。通話とチャットが連携されており、双方のメリットを使ってコミュニケーションできます。

❶ワンクリックで通話を発信できる

❷離れた相手と顔を見ながらのコミュニケーションが可能

## 4 会議機能

少人数から300人までの会議に対応可能な会議機能を備えています。

ビデオ会議により、距離に関係なくいつでも顔を見ながらの打ち合わせが可能です。

録画機能や会議メモ機能など議事録を簡単に作成できる機能や、大人数での会議を円滑に進めるための機能も準備されています。

❶会議画面で使えるホワイトボードなど議論に役立つ機能を搭載

❷会議メモや会議チャットで議事録の共有も簡単

## 5 ファイル機能

チームで共有するファイルを管理できる機能もあります。離れた場所にいる人同士が、同じファイルを閲覧、編集しながら会議をするといったことも簡単に実現できます。

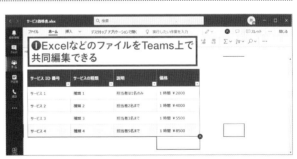

❶ExcelなどのファイルをTeams上で共同編集できる

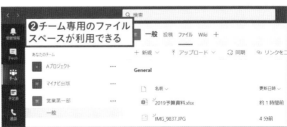

❷チーム専用のファイルスペースが利用できる

### HINT アプリの追加で欲しい機能をプラスできる

さまざまなアプリを簡単に追加できるのもTeamsの特徴の一つです。追加可能なアプリは数百種類におよび、使い手にとって便利なアプリへとカスタマイズすることができます。

# 02 Teamsが使えるデバイスとアプリ

- ●パソコン、スマホ、タブレットで利用できる
- ●使える機能がもっとも多いのはパソコン版のアプリ

## 1 パソコン版のTeamsアプリ

Teamsは、Windows、Macどちらでも利用できます。各々専用のTeamsアプリが用意されています。パソコン版のTeamsアプリは利用できる機能がもっとも多く、メインの画面を操作しながらビデオ会議やチャットを別ウィンドウで行えるなど、使い勝手も優れています。日常的にメインの利用環境にするなら、パソコン版のTeamsアプリが最適です。

❶画面が大きく機能も豊富なパソコン版アプリはメインの利用に最適

❷Windows、Macどちらでも利用できる

### ブラウザでも利用できる

パソコンからTeamsを利用するもう一つの方法として、Web版のTeamsをブラウザで使う方法があります。専用のアプリをインストールする必要がない点は手軽ですが、機能の使いやすさはやはり専用のアプリには及ばず、ブラウザによっては使用できる機能が制限される場合もあります。日常的な利用には、アプリのインストールがおすすめです。出先のパソコンで一時的にTeamsを使いたいときなどに重宝する方法として覚えておきましょう。

### パソコン版アプリとスマホ版アプリの機能の違い

ビデオ会議での背景画像の使用や、チームへのアナウンスの投稿、会議のホワイトボードの起動など、Teamsの機能の一部はスマホ版のアプリでは利用できません。通知などの細かな設定も、パソコン版でしかできないものもあります。またパソコン版には、ショートカットなど機能を素早く利用するための工夫も多く、操作のしやすさにおいてもスマホ版より優れています。一方スマホ版だけで利用できる機能もあります。添付する写真やビデオの撮影、動画のライブ中継などは、パソコン版では実行できません。

## **2** スマホ版のTeamsアプリ

スマホ版のアプリは、iOSとAndroidのどちらも提供されています。パソコン版に比べるとわずかに機能が少ないものの、チャット、ビデオ会議、ファイルのやり取りといったTeamsでのコミュニケーションを場所を問わずに利用できるのは大きな利点です。スマホのブラウザからはWeb版のTeamsは利用できませんので、スマホでTeamsを利用するときは専用のアプリが必須となります。

また、Teamsはタブレット版のアプリも提供されています。機能や操作の方法はスマホ版とほぼ同じです。

❶チャットや会議などさまざまな機能をどこでも利用可能なスマホ版アプリ

❷iOS、Androidどちらでも利用できる

## カメラとマイクも確認しておこう

ビデオ電話とビデオ会議は、Teamsにおける主な機能の一つです。これらを利用するには、マイクとカメラが必要です。ノートパソコンを中心に、カメラやマイクが内蔵されている機種も多くありますが、それらがない場合は、外付けのWebカメラやインカムなどを用意しましょう。なお、スマホの場合は、スマホのカメラとマイクを使えば問題ありません。

Webカメラ

パソコンに内蔵されたカメラやマイクがあればOK

# 03 Teamsのプラン（使い方）の種類

## 有償版、無料版、個人版の違いを知る

Microsoft Teamsは元来、会社や学校など同じ組織に属する人同士のコミュニケーションを円滑にするためのツールです。そのため主な用途は「ビジネス用」となり、Teamsの機能をフル活用するには、法人向け（または教育機関向け）のMicrosoft 365への契約が必要です（次ページ表組参照）。ただし、一部の機能が制限されたビジネス用途の無料版、プライベートの利用のための個人版（個人用機能）があり、法人向けのプランを契約していない人でも利用できます。大まかに次のように分類できます。

### 有償版のTeams

…法人または教育機関向けのMicrosoft 365を契約済のMicrosoftアカウントで利用可能

企業や学校から配布されたMicrosoftアカウントを使ってTeamsの利用を利用する場合は、基本的にこのケースに該当します。企業や学校が法人向けのMicrosoft 365のプランを契約して、その組織に属する人それぞれのアカウントを取得しています。有償版のTeamsを利用する権利が含まれているので、P20の操作は不要ですぐに起動できます。本誌では、このタイプのMicrosoftアカウントを使ってTeamsを利用する場合を中心に紹介します。

### 無料版のTeams

…個人で取得（無料・家庭向けMicrosoft 365含む）したMicrosoftアカウントで利用可能

有償版のTeamsの一部の機能が制限された無料版Teamsは、有償版のTeamsの権利が含まれないMicrosoftアカウントでも利用可能なビジネス用途のTeamsです。「自社では法人契約していないが、他社のTeamsのチームにゲストとして参加したい」といった場合などにも活用できます。利用を始めるには、使用するMicrosoftアカウントでMicrosoft Teamsへのサインインが必要です（P20）。

### 個人用機能

…個人で取得（無料・家庭向けMicrosoft 365含む）したMicrosoftアカウントで利用可能

Teamsをプライベートで使いたい人向けの機能もあります。この個人用機能を使うには、ビジネス用とは別に個人用アカウントを用意します。1つのTeamsアプリでビジネス用、個人用のアカウントを切り替えて利用もできます。2020年に登場した新たな機能で、本誌ではP252のコラムで紹介しています。

### 法人向けMicrosoft 365は誰が契約する?

法人向けMicrosoft 365は、企業単位で申し込みを行います。一般的には、総務部やシステム部などの担当部署がまとめてアカウントを取得し、従業員に配布するという流れになるため、従業員が個々にMicrosoft 365の契約作業を行う必要はありません。

以下の表にある各プランの選択や加入手続きを行うのは、企業のシステム担当者、個人事業主など自分の企業(団体)全体のアカウントを取得したい人です。

そのため企業や学校から配布されたMicrosoftアカウントに不具合などの問題があるときは、申し込みを行った管理担当部署に問い合わせを行いましょう。

### 無料版Teamsで制限される機能

無料版のTeamsは、一部の機能が制限されます。制限される主な機能は以下の通りです。

・会議のレコーディング
・ファイルストレージの追加
・デスクトップ版のOfficeアプリを使用した共同作業
・「予定表」機能
・ユーザーとアプリを管理するための管理ツール
・電話および音声会議
・ライブイベントの開催

## Teamsが使える法人向けMicrosoft 365の主なプラン

| プラン名 | Microsoft 365 Business Basic | Microsoft 365 Business Standard | Office 365 E3 |
|---|---|---|---|
| 利用料 | 540円 ユーザー/月相当 (年間契約) | 1360円 ユーザー/月相当 (年間契約) | 2170円 ユーザー/月相当 (年間契約) |
| 特徴 | デスクトップ版Officeを含まない安価なプラン | デスクトップ版Officeを含む、スタンダートなプラン | もっとも多くの機能を含むハイエンドプラン |

### 家庭用の有料版Microsoft 365にはTeamsは含まれない

家庭用のMicrosoft 365は、有料版であってもTeamsは含まれていません。家庭用Microsoft 365で取得したアカウントでTeamsを使いたいときは、無料版のTeamsを利用できます。

# 04 | Microsoftアカウントの準備

**Point**
- ●有償版のTeamsが利用可能なアカウントはこの操作は不要
- ●Teamsへのサインイン時にはTeamsの用途を選択する

## Teamsにサインインする

Teamsを利用するには、Microsoftアカウントでのサインインが必要です。ただし、法人または教育機関向けのMicrosoft 365の契約者が取得したアカウント（有償版のTeamsが利用可能なアカウント）は、あらかじめTeamsが利用可能なのでこの操作は不要です。職場や学校で配布されたアカウントを使う場合は、P22に進みましょう。それ以外で取得したMicrosoftアカウントでTeamsを利用する場合は、次の要領でサインインを行いましょう。

### 1 「無料サインアップ」を開始する

MicrosoftのTeamsのページにアクセスし、「無料でサインアップ」をクリックします。

❶TeamsのWebページを開く

**Microsoft Teams**
いろいろな方法でチームを作ることができます。

❷ここをクリック

https://www.microsoft.com/ja-jp/microsoft-365/microsoft-teams/group-chat-software

### 2 メールアドレスを入力する

Microsoftアカウントとして登録しているメールアドレスを入力して、「次へ」をクリックします。

**HINT　Microsoftアカウントへの登録もできる**

Microsoftアカウントを取得していないときは、使用したいメールアドレスを入力し、アカウントの登録も同時に行えます。

Microsoft Teams

❸Microsoftアカウントのメールアドレスを入力

**メール アドレスの入力**

このメール アドレスを使用して Teams をセットアップします。
Microsoft アカウントを既にお持ちの場合は、そのメール アドレスをここで使用できます。

@outlook.jp

❹ここをクリック　次へ

## 3 使用目的を選択する

使用目的を選択して、「次へ」をクリックします。図は仕事で使用する場合の例です。

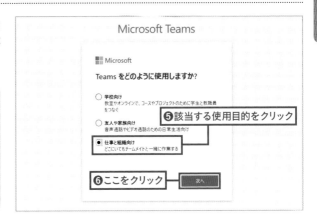

❺該当する使用目的をクリック
❻ここをクリック

## 4 パスワードを入力する

Microsoftアカウントのパスワードを入力して、「サインイン」をクリックします。

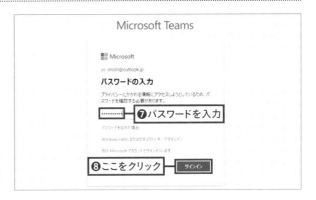

❼パスワードを入力
❽ここをクリック

## 5 パスワードを入力する

その他詳細事項の入力画面が表示されます。必要な項目を入力して、「Teamsのセットアップ」をクリックします。するとアカウントの作成、サインイン、セットアップなどが自動で行われます。Teamsをアプリで利用するには、アプリを入手しましょう(P22)。

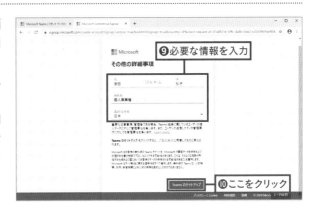

❾必要な情報を入力
❿ここをクリック

# 05 Teamsアプリを準備する

## PC用アプリをダウンロードする

### 1 TeamsのWebページを開く

MicrosoftのTeamsのページにアクセスし、「Teamsをダウンロード」のリンクをクリックします。

❶TeamsのWebページを開く

Teams をダウンロード

❷ここをクリック

Microsoft Teams
いろいろな方法でチームを作ることができます。

https://www.microsoft.com/ja-jp/microsoft-365/microsoft-teams/

### 2 ダウンロードを開始する

「デスクトップ版をダウンロード」をクリックし、続いて表示される「Teamsをダウンロード」をクリックするとダウンロードされます。

❸ここをクリック

Microsoft Teams をダウンロード

Teams でどこからでも、誰とでも、つながってコラボ

デスクトップ版をダウンロード

仕事用の Teams をデスクトップにダウンロード

Teams をダウンロード

❹ここをクリック

# アプリをインストールする

## 1 インストーラーを起動する

ブラウザの下部にある、ダウンロードしたインストーラーをクリックします。

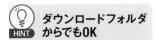

💡 **ダウンロードフォルダからでもOK**

HINT

ブラウザ下部のインストーラーを消してしまったときは、「ダウンロード」フォルダにあるインストーラをダブルクリックして起動できます。

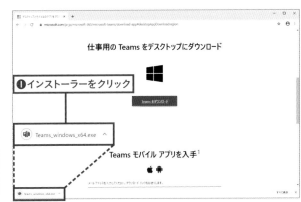

**仕事用の Teams をデスクトップにダウンロード**

❶インストーラーをクリック

Teams をダウンロード

Teams_windows_x64.exe

Teams モバイル アプリを入手[1]

## 2 サインインする

サインイン用の画面が開くので、Microsoftアカウントを入力して、「サインイン」をクリックします。

Microsoft Teams

❷Microsoftアカウントを入力

職場、学校または
**Microsoft アカウント**を入力します。

taromynami@mynami55.onmicrosoft.com

サインイン

❸ここをクリック

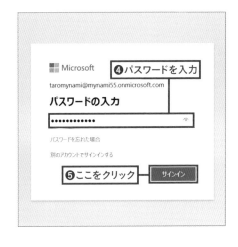

Microsoft

❹パスワードを入力

taromynami@mynami55.onmicrosoft.com

**パスワードの入力**

・・・・・・・・・・・・

パスワードを忘れた場合

別のアカウントでサインインする

❺ここをクリック　　サインイン

💡 **Microsoftアカウントがないときは**

HINT

Microsoftアカウントが未取得の場合、サインイン画面の下部にある「無料で登録」から取得できます。

## 3 アカウント保護の設定を行う

不正アクセスからの保護のため、認証を強固にする方法が提案されます。画面の指示に従って設定しましょう。

**保護の方法は管理者に確認を**

HINT

会社や学校から配布されたMicrosoftアカウントの場合、アカウントの保護に用いる方法は管理者などに確認しましょう。

## 4 準備ができた

「準備が完了しました!」と表示されたら、「完了」をクリックします。アプリが起動して、メインの画面(P28)が表示されます。

# スマホのアプリを準備する

スマホやタブレットでTeamsを利用するには、端末に対応するアプリを利用します。アプリの入手方法は、一般的なアプリと同じです。iPhoneであればApp Store、AndroidであればGoogle Playからダウンロードできます。本誌ではiPhoneを利用しています。

## 1 アプリをダウンロードする

App Storeを開き、「Microsoft Teams」の
アプリを検索してダウンロードします。

❶App Storeで「Microsoft Teams」
のアプリをダウンロード

## 2 アプリを起動する

ダウンロードしたアプリをタップして起動します。

❷アプリをタップして起動

## 3 Microsoftアカウントを入力する

Teamsで利用するMicrosoftアカウントを入
力して、「サインイン」をタップします。

❸Microsoftアカウントを入力して

❹ここをクリック

## 4 パスワードを入力する

パスワードを入力して、「サインイン」をタップ
します。

❺パスワードを入力

❻ここをクリック

25

## 5 コードを入力する

SMSにコードが送られてくるので確認します。Teamsの画面に戻ってコードを入力し、「検証」をタップします。

## 7 説明を確認する

サインインが行われ、簡単な説明画面が表示されるので「次へ」をタップして進めます。

## 6 機能の動作を許可する

通知やマイクの許可を求める画面が表示されたら、希望の条件をタップして進めます。特に問題がなければ機能の使用を許可しておきましょう。

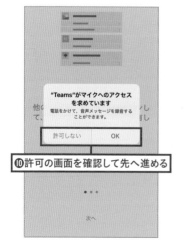

## 8 サインインを完了する

「OK」が表示されたらタップするとメインとなる「フィード」画面が表示されます。

# 06 Teamsアプリを起動する

**Point**
- 一般的なアプリと同じ要領で起動できる
- 起動時にログインが求められたらP23の要領でログイン

## 1 アプリのアイコンをダブルクリックする

PC用のTeamsアプリを起動するには、インストール時にデスクトップに追加された「Microsoft Teams」アイコンをダブルクリックします。

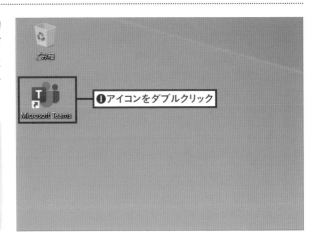

❶アイコンをダブルクリック

**HINT ショートカットがない場合**

ショートカットアイコンがないときは、「スタート」ボタンをクリックし、「Microsoft Teams」をクリックしても起動できます。

## 2 アプリが起動する

アプリが起動し、Teamsの画面が表示されます。初めて起動する場合など、ログインを求める画面が表示された場合は、P23の要領でログインしましょう。

❷Teamsが起動した

**HINT スマホアプリの起動**

スマホ用のTeamsアプリの起動方法は、P25の場合と同じです。

# 07 画面の基本を確認する

**Point**
- ●ウィンドウ左側のボタンで機能を切り替えできる
- ●タブの切り替えは画面の上部で行う

## デスクトップ版Teamsの画面

Teamsアプリのメイン画面を見てみましょう。「チャット」や「チーム」のボタンをクリックして、簡単に機能を切り替えできます。上部にタブのある画面は、クリックしてタブを切り替えできます。

画面を切り替えるためのタブ

機能の切り替えができるボタン

### 画面は違うが操作の基本は同じ

HINT

Teamsの画面は、それぞれの機能により異なりますが、「予定表」を除く機能では、右側にある一覧で項目を選ぶと、内容が表示されるように配置されています。
機能名や表示されているアイコンも分かりやすく、操作に慣れていない人でも機能の所在がわかりやすくなっています。

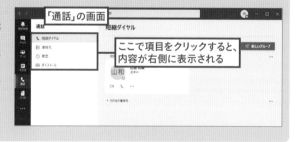

「通話」の画面

ここで項目をクリックすると、内容が右側に表示される

# スマホ版のTeamsの画面

スマホ版(本書ではiPhoneを使用)のTeamsアプリでは、機能を切り替え用のボタンは画面の下部に並んでいます。利用されているアイコンや機能の配置はデスクトップ版と近く、違和感なく双方を利用できます。デスクトップ版では左右に並んでいた項目と内容(前ページ「HINT」参照)が、画面の小さいスマホでは別々になっているので、項目をタップして開く点がポイントです。

前の画面に戻るアイコン

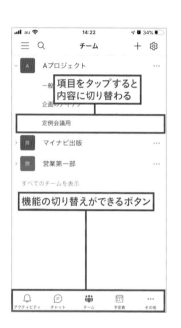

項目をタップすると
内容に切り替わる

機能の切り替えができるボタン

画面の切り替えるためのタブ

---

## 覚えておきたい「…」アイコン

デスクトップ版、スマホ版ともに、さまざまな個所に表示される「…」から、多くの機能が実行できます。たとえばチームの場合、チームの管理やメンバーの追加や脱退、削除などもこの「…」アイコンから選択できます。一度チェックしてみると、対象に対して用意されている機能が把握できます。

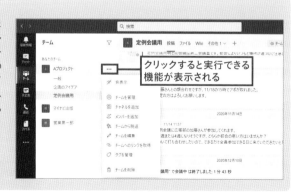

クリックすると実行できる
機能が表示される

# 08 新着の有無を確認する

**Point**
- ●機能のボタンに数字や赤丸が表示される
- ●未読のある項目は太字で表示される

組織内コミュニケーションの多くを担うTeamsは、新たな連絡を見逃さないための工夫がされています。個人的な連絡(チャットや通話、自分の投稿へのリアクションなど)があったときは、アプリバーに赤い数字や丸印が表示されます。チームやチャネルに対する投稿は赤い数字は表示されませんが、未読の情報があるチャネルは太字で表示されます。これらはスマホの場合も共通です。

❶数字や赤丸で未チェックの連絡がわかる

❷未読のある場合は太字になる

❸投稿内の未読分がわかる

**HINT** **最新情報は必ずチェックを**

多くの人とやり取りするチームへの投稿は、新着があっても赤い数字は表示されません。自分の投稿に返信が付いたなど、チャネル内で個人に対するアクションがあった場合、「最新情報」に反映されます。

**HINT** **タスクバーでも確認できる**

未チェックの情報の数を示す赤丸の数字は、デスクトップのタスクバーのTeamsアイコンにも表示されます。他のアプリを使っているときも、連絡の有無がすぐに把握できます。

❶タスクバーにも数字が表示される

# Chapter2

# チームとチャネルを
# 活用・管理する

アカウントの準備はできましたか？ 2章からはさっそくTeamsの機能を詳しく説明していきます。まずはTeamsの基本の単位、「チーム」と「チャネル」についてです。「チーム」と「チャネル」の構成から作成の方法、チャネルごとの通知設定まで、この章でしっかりマスターしていきましょう。

# 「チーム」と「チャネル」を理解しよう

●「チーム」と「チャネル」はTeamsで情報を管理する枠組み
●「チーム」は人の集まり、「チャネル」は話題に相当する

## 人を集めた「チーム」の中に話題ごとの「チャネル」がある

Teamsでは、「チーム」と「チャネル」という枠組みを使って情報を管理します。「チーム」はその名の通り、何らかの共通項を持った人の集まりです。一般的には「営業部」「人事課」などのように部や課のメンバーが所属するチーム、「Aプロジェクト」のように同じ業務に携わるメンバーを集めたチームなどが用いられています。

一方「チャネル」は、チーム内に設けることで情報を整理するための機能です。チームの中に「チャネル」を作ることで、話題ごとに意見や情報をまとめることができ、コミュニケーションの円滑化や効率的な情報の整理ができます。

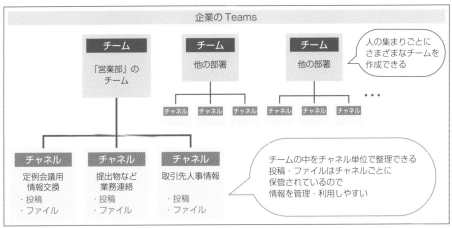

「チーム」と「チャネル」の関係

 ### 「チーム」や「チャネル」はどんな単位で作ればよい？

「チーム」や「チャネル」の単位に決まりはありません。一般的には「部」や「課」などの単位が用いられていますが、部署の人数は企業によって違いがあるので、業務内容に応じて使いやすい枠組みを作成すればよいでしょう。ただしあまり細かく分類しすぎると、「メンバーがほとんど同じチームが複数できてしまった」「チャネルが多すぎて逆にわかりにくい」といったことになりかねないので注意が必要です。チームやチャネルは、いつでも追加・削除が可能で、使わなくなったチームは非表示にもできるので、Teamsを使用しながら使い勝手がよいよう工夫していきましょう。

# 02 既存のチームに参加する

**Point**
- 既存のチームに参加するには「所有者」による追加、またはコードが必要
- チームのコードは「チームに参加」で入力する

## コードを使ってチームに参加する

### 1 コードを入力する

既存のチームに参加を促され、コードを知らされたときは、「チーム」をクリックし、「チームに参加、またはチームを作成」をクリックします。「コードでチームに参加する」にコードを入力して、「チームに参加」をクリックします。

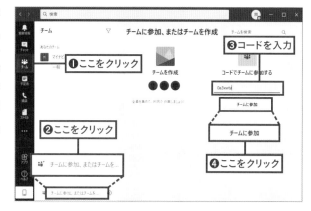

### 2 チームが追加された

「あなたのチーム」にチーム名が追加され、チームに参加できました。

**HINT 最初からいくつかのチームがあることも**

会社や学校から配布されたアカウントの場合、組織全体や所属部署などのチームのメンバーにあらかじめ追加されていて、初めて起動した時点で、チームが表示されていることが多くあります。

## チームのメンバーを確認する

### 1 「チームを管理」を表示する

参加したチームにどのようなメンバーがいるかを確認するには、対象のチームの「…」をクリックして、「チームを管理」を選択します。

### 2 メンバーが表示される

画面上部の「メンバー」をクリックすると、チームの所有者、メンバーおよびゲストが一覧表示されます。

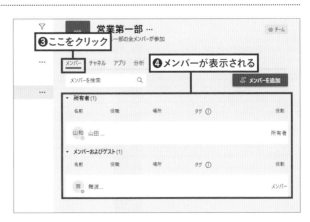

# スマホでチーム参加用のコードを使う

スマホの場合も、「チームに参加、またはチームを追加」用のボタンからコードを入力するのは同じです。ボタンの位置などを確認しましょう。

## 1 「チーム」タブを表示する

「チーム」タブを表示して、「チームに参加、またはチームを作成」用アイコンをタップします。

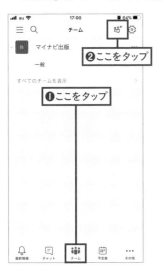

## 2 コード入力用画面を表示する

知らされたコードを使ってチームに参加するには、「コードを使用してチームに参加します」をタップします。

## 3 コードを入力する

チーム参加用のコードを入力して、「参加」をタップします。

## 4 チームが追加された

チームに参加でき、一覧にチーム名が追加されました。メンバーを確認するには、チーム名の右端にある「…」アイコンをタップして、「メンバーを管理」を選びましょう。

# 03 新しいチームを作成する

## 1 「チームを作成」をクリックする

新しいチームを作るには、「チーム」画面の「チームに参加、またはチームを作成」をクリックして、「チームを作成」をクリックします。

**HINT チームが作れない場合**

Teamsの管理者(アカウントを作成した人・部署)の設定により、誰もが自由にチームを作成できない場合もあります。会社や学校のアカウントでチームが作成できないときは、管理者に問い合わせてみましょう。

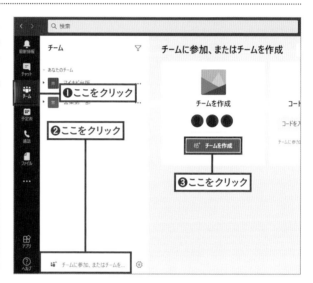

## 2 作成方法を選択する

チームの作成方法をクリックします。ここではいちから新しいチームを作るため、「最初から」をクリックします。

**HINT テンプレートも利用できる**

「テンプレートから選択」にある各種テンプレートをクリックして、チームを作ることもできます。

## 3 チームの種類を選択する

チームの種類を選択します。図では、許可したメンバーのみが参加できる「プライベート」を選びました。「パブリック」を選ぶと、組織内の誰もが自由に参加できるチームを作成できます。「組織全体」は、Teamsの管理者のみに表示される項目です。

## 4 チーム名を指定する

「チーム名」を入力し、簡単な説明を入力して、「作成」をクリックします。

**チーム名と説明は変更できる**
HINT

対象のチームの「…」から「チームを編集」を選択すると、チーム名と説明を変更できます。

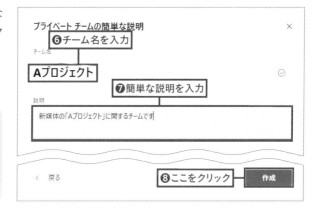

## 5 チームができた

チームの作成が完了し、メンバー追加用の画面が表示されます。続けてメンバーを追加するときはP40の方法で追加できます。すぐにメンバーを追加しないときは、画面下部の「スキップ」をクリックすればチームの作成は完了です。チーム一覧にチームが追加されています。

## チームの作成者は「所有者」になる

チームを作成した人は、自動的にそのチームの「所有者」として登録されます。所有者以外の参加者はチームの「メンバー」になります。「所有者」には、チームへのメンバーの追加と削除、チーム名などの設定変更など、「メンバー」ではできない作業を行う権限が与えられます。「所有者」の変更・追加方法は、P49を参照してください。

 ## 既存のチームを流用して新しいチームを作成できる

既存のチームを流用して新しいチームを作成すると、タブや設定、メンバーなどをコピーした状態で、新しいチームを作ることができます。似たようなチームを素早く作りたいときに便利な機能です。P36の手順2で「グループまたはチームから」をクリックし、以下の要領で作成できます。

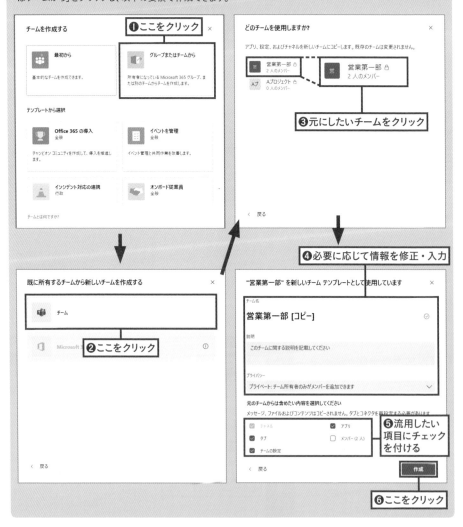

# スマホでチームを作成する

スマホの場合も、「チームに参加、またはチームを追加」用のボタンからチームを作成できます。チーム名の指定とチームの種類の指定を同じ画面で行います。

## 1 チームの作成を開始する

「チーム」画面を表示して、「チームに参加、またはチームを作成」用アイコンをタップして、「チームを作成」をタップします。

❶ここをタップ

❷ここをタップ

## 2 チーム名を入力する

「チーム名」を入力して、必要に応じて簡単な説明を入力します。

❸チーム名を入力

❹説明を入力

## 3 チームの種類を選択する

「プライバシー」をタップして、表示される画面で作成するチームの種類（P37）を選択します。

❺ここをタップして種類を選択

❻ここをタップ

## 4 チームができた

チームが作成され、メンバー追加用の画面が表示され、P43の要領でメンバーを追加できます。メンバーを後から追加する場合、「スキップ」をタップすればチームの作成は完了です。

❼メンバーの追加をスキップして作成を終了するにはここをタップ

**Point**
● メンバーを追加できるのはチームの「所有者」のみ
●「所有者」以外はメンバーの追加を申請できる（次ページ下段コラム参照）

## 1 「その他のオプション」をクリックする

チームのメンバーはいつでも
追加できます。メンバーを追
加するには、「チーム」画面で
対象のチームの「…」をクリッ
クします。

**HINT メンバーの追加は所有者が行う**

チームのメンバーを追加・削除
できるのは、チームの「所有者」で
す。「所有者」の変更や追加方法
はP49で紹介しています。

## 2 「メンバーを追加」を選択する

表示されるメニューから「メン
バーを追加」をクリックします。

**HINT 組織外の人は「ゲスト」になる**

ここで紹介しているのは、同じ組
織（社内・校内など）の人をメン
バーにする場合です。組織外の
人をチームに入れる場合は、「ゲ
スト」という扱いになり、P44で
紹介しています。

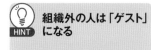
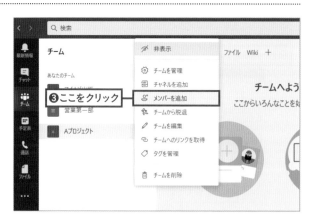

## 3 追加する人を入力する

追加したい人の名前を入力します。途中まで入力したときに、候補が表示された場合は選択すれば入力できます。

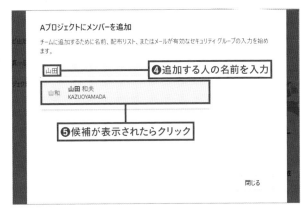

Aプロジェクトにメンバーを追加

チームに追加するために名前、配布リスト、またはメールが有効なセキュリティグループの入力を始めます。

山田 ────── ❹追加する人の名前を入力

| 山和 | 山田 和夫<br>KAZUOYAMADA |

❺候補が表示されたらクリック

閉じる

## 4 「追加」ボタンをクリックする

目当ての人を入力できたら、「追加」ボタンをクリックします。

### 複数のメンバーを続けて追加できる

図は1人のみを追加していますが、続けて名前を入力してから「追加」をクリックすると、複数の人をまとめて追加できます。

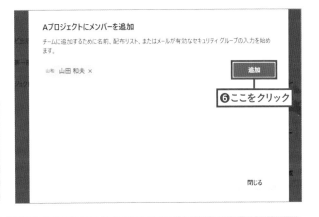

Aプロジェクトにメンバーを追加

チームに追加するために名前、配布リスト、またはメールが有効なセキュリティグループの入力を始めます。

山和 山田 和夫 ✕

追加

❻ここをクリック

閉じる

### 「所有者」以外はメンバーの追加を申請できる

「所有者」以外のメンバーは、チームの「所有者」にメンバーの追加を申請でき、「所有者」が申請を許可するとメンバーに追加されます。「所有者」以外のメンバーがP40手順1の要領で「メンバーを追加」を選択すると、「(チーム名)にメンバーを追加する要求」という画面が表示されます。「検索」欄に追加したい人の名前またはメールアドレスを入力して、画面下部の「リクエストの送信」をクリックすると申請できます。

営業第一部 にメンバーを追加する要求 ── 追加要求の画面になる ✕

名前またはメール アドレスを入力し、チームの所有者に要求を送信します。

検索

## 5 メンバーが追加された

メンバーが追加されました。
「閉じる」をクリックして追加
作業を終了します。

**HINT** 「所有者」に
変更できる

追加した人にチームを管理する
権限を与えたいときは、図の画面
の名前の右側にある「メンバー」
をクリックし、「所有者」を選択
すると設定できます。

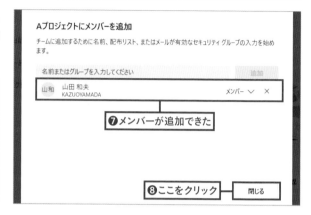

## 6 追加された側には通知が届く

メンバーに追加された人には、
「最新情報」に通知が届き、新
たなチームのメンバーになっ
たことがすぐに把握できます。

**HINT** チームから脱退する
には

チームから脱退したいときは、対
象のチームの「…」をクリックし
て、「チームから脱退」を選択し
ます。

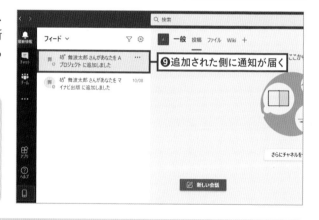

**HINT** コードを知らせてメンバーを
追加するには

P33のように、相手にコードを知らせて
チームへの参加手続きをしてもらう方法も
あります。チームのコードは、チームの管
理画面（「…」から「チームを管理」を選択）
を開き、図の要領で取得できます。

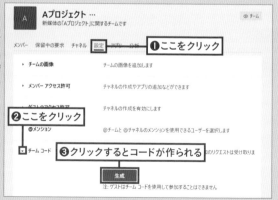

42

# スマホでチームにメンバーを追加する

スマホからチームにメンバーを追加するには、「メンバーを管理」画面から操作します。対象の入力時にメンバーの候補が提案されているときは、タップして選択すれば指定できます。

## 1 メンバーの管理画面を表示する

対象のチームの「…」をタップして、「メンバーを管理」をタップします。

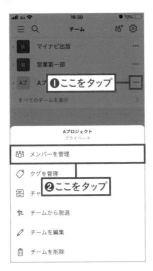

## 2 追加用アイコンをタップする

画面上部にあるメンバー追加用のアイコンをタップします。

## 3 対象を指定する

「メンバーを追加」画面で、「追加」欄に名前を入力して、「完了」をタップします。

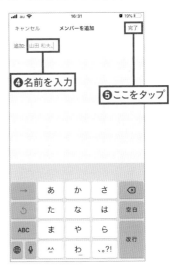

## 4 メンバーが追加された

メンバーが追加でき、一覧に表示されます。

# 05 社外(校外)の人をチームに追加する

## 1 メールアドレスを入力する

Teamsのチームに社外の人を入れたいときは、「ゲスト」として追加します。追加操作はチームの「所有者」が行います。P40の要領でユーザーの追加画面を開き、追加したい人のメールアドレスを入力し、表示される「(メールアドレス)をゲストとして追加」をクリックします。

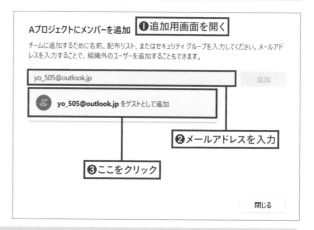

## 2 「追加」をクリックする

「追加」ボタンをクリックして「ゲスト」を追加し、「閉じる」ボタンをクリックします。

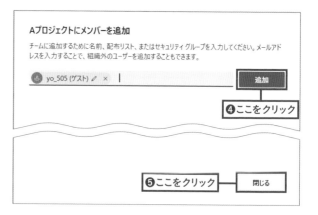

# 3 一覧に追加された

追加したゲストが、チームの「メンバー」タブの一覧に追加されました。参加者の属性は、チームを管理できる「所有者」、社内など同じ組織に属する「メンバー」、組織外の「ゲスト」の3種類です。

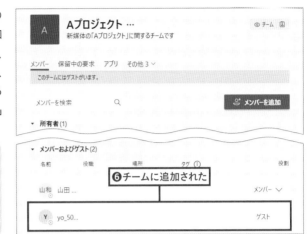

## スマホで「ゲスト」を 追加するには
HINT

スマホの場合は、P43の要領で追加用の画面を開いて追加できます。

---

## 追加された「ゲスト」にはメールが届く
HINT

チームに追加された「ゲスト」には、そのことを知らせるメールが自動送信されます。メール内の「Open Microsoft Teams」をクリックしてチームに参加できます。

ただし自動送信メールだけでは不親切なので、チームに追加した人には、参加をお願いする連絡を別途入れておくことをおすすめします。なお、ゲストとしてチームに参加するには、Microsoftアカウントへの登録が必要です。未登録のメールアドレスを「ゲスト」として追加した場合、Microsoftアカウントの取得を促されます。

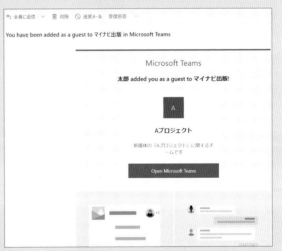

チームに追加されたことを知らせるメールが届く

---

## 「ゲスト」ユーザーができること
HINT

「ゲスト」ユーザーは、「メンバー」と異なり利用できる機能に制限がありますが、チャネルの会話への参加、メッセージの投稿・削除・編集・チャネルのファイル共有、プライベートチャットへの参加、プライベートチャットファイルのダウンロードなど、コミュニケーションや情報の共有に十分な機能を利用できます。また「所有者」の設定（P46）によっては、「ゲスト」メンバーによるチャネルの作成や削除も行えます。

# 06 チームについて設定する

## 1 チームの管理画面を開く

チームの「所有者」は、チームについての設定を変更できます。対象のチームの「…」をクリックして、「チームを管理」を選択します。

**絵文字などの許可を設定できる**

HINT

手順5の画面の「お楽しみツール」では、絵文字やステッカーなどの使用許可を設定できます。

## 2 「設定」タブを表示する

「設定」タブをクリックします。チームに関する多くの設定が可能な画面です。項目をクリックして、それぞれに関する設定を行えます。

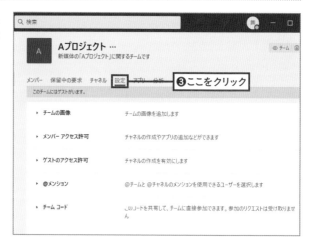

## 3 チームの画像を追加する

「チームの画像」で「画像を変更」をクリックし、表示される画面で使用したい画像を選ぶと、チーム一覧などに表示されるチームの画像を変更できます。

## 4 参加者のアクセス許可を設定する

「メンバーアクセス許可」では、チャネルの作成や削除などの操作を「メンバー」に許可するか否かを設定できます。許可しない項目はクリックしてチェックを外しましょう。「ゲスト」に対しての操作の許可は、「ゲストのアクセス許可」で設定できます。

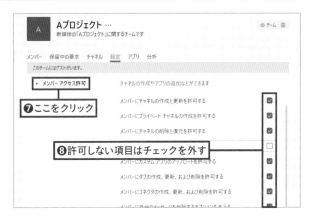

## 5 チームとチャネルへのメンションを設定する

「@メンション」では、チームやチャネルに対するメンション「@チーム」と「@チャネル」(P95)の使用について設定できます。許可しない場合はチェックを外しましょう。

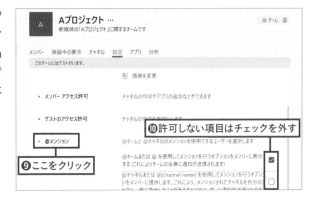

## 6 タグの管理を許可する

「タグ」では、タグ（P96で紹介）
を管理（追加や削除）できる
ユーザーを指定できます。
初期設定では「所有者」のみ
ですが、「チームの所有者とメ
ンバー」を選択すると、メン
バーにも管理を許可できます。

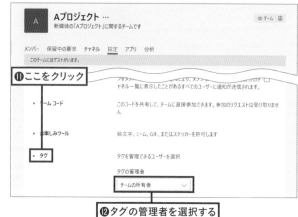

## スマホでチームの画像を変更する

チームの画像の変更は、以下の要領でスマホからも行えます。スマホで撮影した写真を画
像にしたいときなどに便利です。ただしPC「チームについて設定する」で紹介したその他の
設定は、スマホからでは行えません。

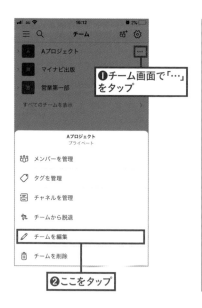

# 07 チームの「所有者」を追加・変更する

**Point**
- ●チームの「所有者」は参加者の属性を変更できる
- ●チーム内の「所有者」は複数メンバーに設定できる

## 1 管理画面を開く

参加者の属性を変更するには、対象のチームの「…」(P46)をクリックして、「チームを管理」を選択します。

**HINT 所有者は2人以上がおすすめ**

サブの「所有者」を設けるなどチームの「所有者」を複数にすることで、「所有者」の不在による対応の遅れを避けられます。また異動などで「所有者」がチームを離れる際もスムーズに運用を続けられます。

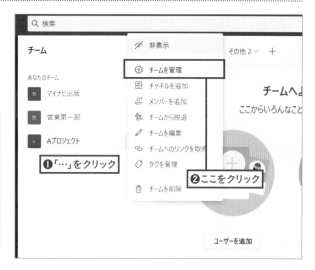

## 2 属性を選択する

「メンバー」タブを表示します。ユーザー名の横に表示されている属性をクリックし、希望の属性を選択します。

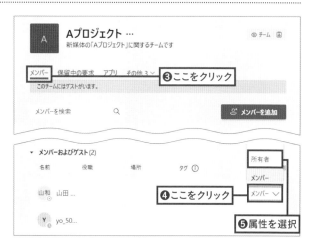

49

## 3 属性が変わった

属性が変更され、一覧での表示位置が変わりました。図では「メンバー」から「所有者」に変更しましたが、反対に「所有者」から「メンバー」にすることもできます。

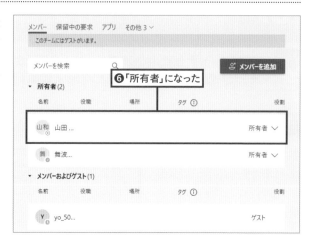

---

## スマホで属性を変更する

チームの所有者であれば、スマホからでも属性を変更できます。チーム画面で対象のチーム名の「…」をクリックし、図の要領で「チームメンバー」画面を表示します。属性を変更したい人をタップして、「所有者にする」または「メンバーにする」をタップしましょう。

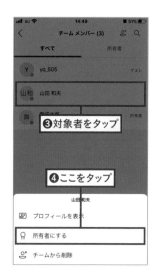

# 08 メンバーやゲストをチームから削除する

Point
● メンバーの削除はチームの「所有者」が行う
● チームの「所有者」はチームから削除できない（属性変更が必要）

## 1 ×印をクリックする

P49の要領でチームの「メンバー」タブを開き、対象者の×印をクリックすると削除できます。削除された側の「あなたのチーム」一覧からは当該チームが消え、チームにアクセスできなくなります。

**HINT 「所有者」がチームを抜けるには**

「所有者」は削除できないので、前ページの要領で「メンバー」に変更してから、その時点の「所有者」に削除をしてもらいます。

---

## スマホでメンバーを削除する

スマホからメンバーを削除するには、前ページの要領でメンバーを表示し、対象のメンバーをタップして「チームから削除」をタップします。

## 09 チャネルを作成する

### 1 「チャネルを追加」をクリックする

チャネルを作成したいチーム
の「…」をクリックして、「チャ
ネルを追加」を選択します。

**HINT チャネルの作成が
許可されていない場合も**

「メンバー」や「ゲスト」のチャネル
作成の可否は、チームの「所有
者」が設定できます。チャネルが
作れないときは「所有者」に確認
してみましょう。

### 2 チャネルの情報を指定する

「チャネル名」と「説明」を入力
します。「プライバシー」でチャ
ネルの利用者を指定して、「追
加」をクリックします。画面下
部の「すべてのユーザーの
チャネルのリストで〜」の項目
は、チームの「所有者」がチャ
ネルを作成する場合に表示
されます。希望する場合は
チェックを入れます。

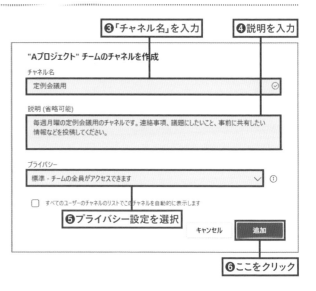

## 3 チャネルが作成できた

チャネルが作成され、チーム
内に表示されました。

**⑦チャネルが追加された**

### ダウンロードフォルダからでもOK

チャネル名や説明を後から変更したい
ときは、対象のチャネルの「…」をクリッ
クして、「このチャネルを編集」を選択
します。すると手順2の画面が開き、チャ
ネル名などを編集できます。

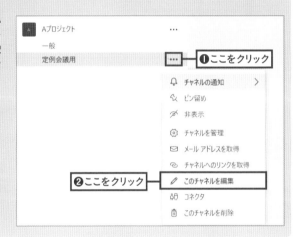

**❶ここをクリック**

**❷ここをクリック**

### チーム内のチャネルの展開と折り畳み

チーム名の冒頭にある▼をクリックすると、手順3の図の「Aプロジェクト」チームのようにチャネルを展開した状態
と、その他のチームのように折りたたまれた状態を切り替えできます。その時使わないチームは折りたたんでおくと
使い勝手がよくなります。

### チャネルは必ず必要？

チームの作成時に自動的に作成される「一般」チャネルがあるので、チャネルの作成は必須ではありません。ただし
多様な情報が混在するチャネルは、情報量が増えると使いにくくなってきます。必要性が予測できるチャネルは、
早めに作成しておいたほうが後々便利です。

# スマホでチャネルを作成する

チャネルはスマホからも作成できます。チャネルを作りたいチームの管理画面から操作しましょう。

## 1 チャネルの管理画面を表示する

対象のチームの「…」をタップして、「チャネルを管理」をタップします。

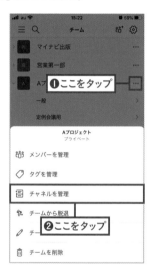

## 2 追加用アイコンをタップする

画面上部にあるチャネル追加用のアイコンをタップします

## 3 チャネル名などを入力する

「チャネル名」「説明」と「プライバシー」の条件を設定し、「完了」をタップして追加します。

## 4 チャネル名などの編集

以下の要領で管理用の画面を開き、チャネル名などを後から変更できます。

# 10 チャネルの投稿者を限定する

**Point** ●告知用などチャネルの用途によっては投稿者を限定すると便利
●追加したチャネルと「一般」チャネルでは設定方法が異なる

## 1 チャネルの管理画面を表示する

「一般」以外のチャネルの投稿者を限定するには、対象のチャネルの「…」をクリックし、「チャネルを管理」を選択します。

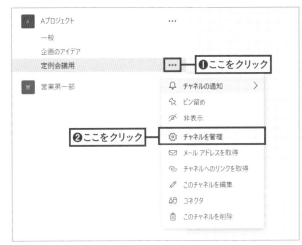

## 2 モデレーションをオンにする

「チャネルのモデレーション」を「オン」にします。投稿を開始できる人が「モデレーターのみ」に限定できました。モデレーターを追加するには、「管理」をクリックします。なおチームの「所有者」は、あらかじめモデレーターに設定されています。

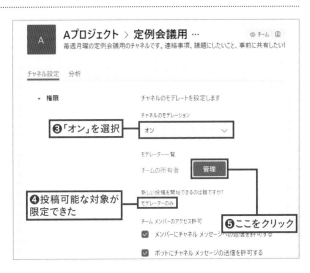

## 3 モデレーターを追加する

モデレーターの追加画面が表示されるので、上部の入力欄に追加したい人の名前を入力します。複数人追加したい場合は続けて入力できます。入力を終えたら「完了」をクリックします。

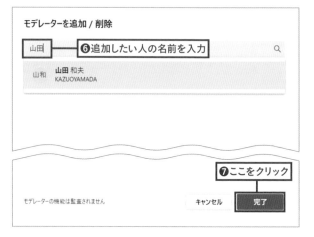

## 4 モデレーターが表示された

モデレーターが追加され、「モデレーター一覧」に表示されました。

 **モデレーターの削除**

HINT

手順3の画面を開き、名前の右端にある「×」印をクリックすると削除できます。

 **「一般」チャネルの投稿者を限定するには**

HINT

「一般」チャネルの場合、前ページ手順1の要領で管理画面を開くと、図の画面が表示されます。「所有者だけがメッセージを投稿できます」を選択すると、投稿者をチームの「所有者」に限定できます。その他のチャネルのようなモデレーターの追加はできません。

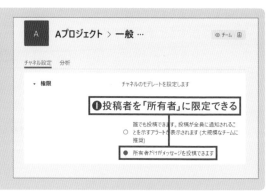

# 11 チームの並び順を変更する

## 1 チームをドラッグする

Teamsのチームは、作成順が古いものが上に表示されています。チームの数が増えてきて使いにくいときは、並び順を変更しましょう。「あなたのチーム」の一覧でドラッグで移動できます。

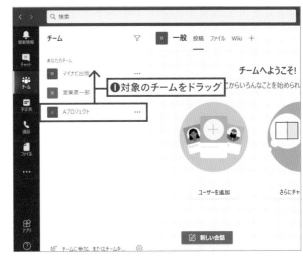

❶対象のチームをドラッグ

## 2 順番が変わった

ドラッグしたチームが移動し、順番が変わりました。

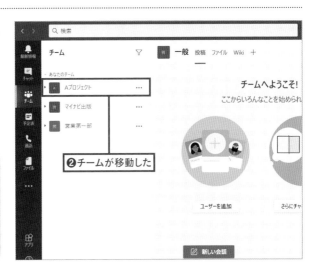

❷チームが移動した

**HINT スマホアプリの並び順も変わる**

スマホのTeamsアプリではチームの並び順を変更できませんが、PCで変更した順番はスマホのアプリにも反映されます。

# 利用頻度の高いチャネルを一覧の上部に固定する

## 1 「ピン留め」をクリックする

対象のチャネルの「…」をク
リックして、「ピン留め」をクリッ
クします。

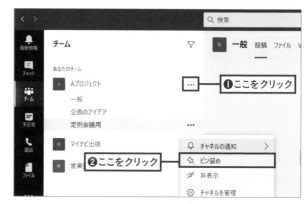

❶ここをクリック

❷ここをクリック

## 2 「ピン留め」に表示された

「ピン留め」にチャネルが追加
されました。「あなたのチーム」
の一覧の上部に常に表示さ
れ、素早く利用できます。

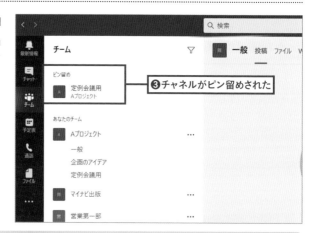

❸チャネルがピン留めされた

 **ピン留めの解除**
HINT

利用頻度が下がったなどピン留めが不要になったときは、対象のチャネルの「…」をクリックして、「ピン留めを解除」
をクリックすれば解除できます。

# スマホでチャネルをピン留めする

チャネルのピン留め操作は、スマホからも行えます。PC、スマホどちらで設定しても、双方の画面に反映されます。

## 1 対象のチャネルを表示する

「チーム」画面の一覧で、対象のチャネルをタップして開きます。

## 2 チャネルの管理画面を開く

画面上部のチャネル名部分をタップします。

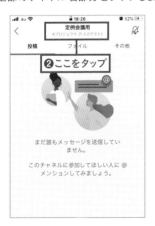

## 3 「チャネルをピン留めする」をオンにする

「チャネルをピン留めする」をオン(●のスイッチが右に寄った状態)にします。

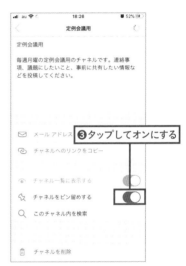

## 4 チャネルがピン留めされた

チャネルがピン留めされました。ピン留めを解除するには、手順3の画面でスイッチをオフに戻しましょう。

# 13 チームやチャネルを非表示にする

**Point**
- ●使用頻度の低いチームやチャネルを非表示にすると見やすくなる
- ●非表示のままの利用、再表示のどちらも簡単にできる

## チームの表示・非表示を切り替える

### 1 チームを非表示にする

チームを非表示にするには、対象のチームの「…」をクリックして、「非表示」をクリックします。

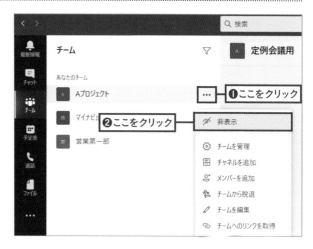

### 2 一覧から消えた

対象のチームが非表示になり、一覧から消えました。非表示のチームがあるときは、チームの一覧の下に「非表示のチーム」が表示されます。

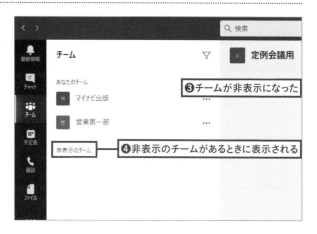

## 3 非表示のまま利用する

「非表示のチーム」をクリックして開くと、非表示のチームを選択して利用できます。使用後は「非表示のチーム」を再度クリックして閉じておくと邪魔になりません。非表示にしたチームをたまに利用するといったときに便利です。

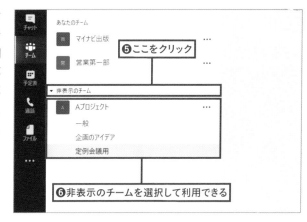

## 4 チームを再表示する

チームを再表示するには、手順3の状態で対象のチームの「…」をクリックし、「再表示」をクリックします。

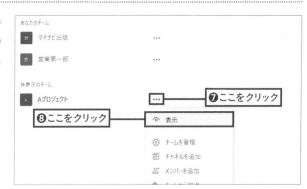

## 5 チームが表示できた

チームの一覧に表示されました。

**HINT 削除前に非表示を活用**

チームは削除（P64）もできますが、やり取りなどの情報を後から見たいと思うこともあります。完全に不要になるまでは、非表示を活用するのがおすすめです。

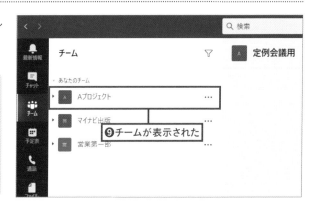

# チャネルの表示・非表示を切り替える

## 1 チャネルを非表示にする

チャネルを非表示にするには、対象のチャネルの「…」をクリックして、「非表示」を選択します。

> 💡 **HINT**
> **「一般」チャネルは非表示にできない**
>
> 自動的に作成される「一般」チャネルは、「…」をクリックしても「非表示」が表示されません。

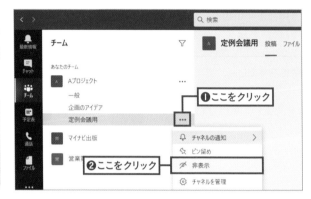

❶ここをクリック
❷ここをクリック

## 2 非表示のまま利用する

チャネルが非表示になりました。非表示のチャネルを利用するには、「○つの非表示のチャネル」をクリックして、対象のチャネルを選択します。

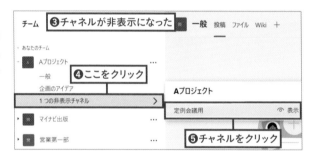

❸チャネルが非表示になった
❹ここをクリック
❺チャネルをクリック

## 3 チャネルを再表示する

チャネル名が斜体で表示され利用できます。作業を終えて別のチャネルなどを選択すると、再び非表示に戻ります。常に表示された状態に戻すには、一時的に表示した状態で「…」をクリックし、「表示」を選択します。

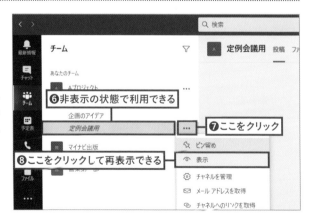

❻非表示の状態で利用できる
❼ここをクリック
❽ここをクリックして再表示できる

# スマホでチーム・チャネルを非表示にする

チームとチャネルの表示・非表示の切り替えはスマホでも可能です。非表示の設定のまま一時的にチームやチャネルを利用したいときは、チェックの付け外し画面で対象のチーム・チャネルをタップして開くこともできます。

## 1 チームの表示・非表示を切り替える

「チーム」の画面で右上のアイコンをタップします。

❶ここをタップ

表示される画面で、チーム名の行頭にあるチェックをタップして外すと非表示になります。再表示したいときはタップしてチェックを付ければ元に戻ります。

❷タップしてチェックを外すと非表示になる

## 2 チャネルの表示・非表示を切り替える

「チーム」の画面で、対象のチャネルを含むチームの「…」をタップして、「チャネルを管理」をタップします。

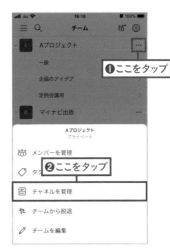

❶ここをタップ

❷ここをタップ

チーム内のチャネルが一覧表示されます。チャネル名の行頭にあるチェックをタップして外すと非表示になります。再表示したいときはタップしてチェックを付けます。

❸タップしてチェックを外すと非表示になる

# 14 不要なチームを削除する

## 1 「チームを削除」を選択する

チームの画面で対象のチーム「…」をクリックし、「チームを削除」をクリックします。

❶ここをクリック

❷ここをクリック

### HINT 削除できるのは「所有者」のみ

チームを削除できるのは、チームの「所有者」です。「メンバー」や「ゲスト」は削除できません。

## 2 削除に同意する

注意書きが表示されます。「すべてが削除されることを理解しています。」にチェックを付け、「チームを削除」をクリックします。

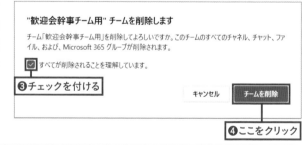

"歓迎会幹事チーム用" チームを削除します

チーム「歓迎会幹事チーム用」を削除してよろしいですか。このチームのすべてのチャネル、チャット、ファイル、および、Microsoft 365 グループが削除されます。

☑ すべてが削除されることを理解しています。

❸チェックを付ける

キャンセル　　チームを削除

❹ここをクリック

### HINT 多くのデータが削除される

手順2の図の画面にあるように、チームを削除するとチャネル、チャット、ファイル、Microsoft 365グループが削除されます。

## 3 チームが削除された

チームが削除され、一覧から消えました。

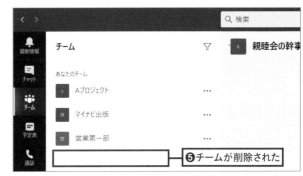

**❺チームが削除された**

### 告知と猶予期間でトラブルを回避

削除したチームは、全参加者が利用できなくなります。参加者の中に、後から情報を参照したいと考えている人がいる場合もあるので、削除するときは「○月○日にこのチームを削除します」などと事前に告知し、猶予期間を設けてから削除するとトラブルが避けられます。

## スマホでチームを削除する

チームの削除はスマホからも操作できます。チームの一覧で対象のチームの「…」をタップして「チームを削除」をタップし、削除を確認する画面で「チームを削除」をタップすると削除されます。

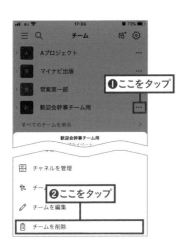

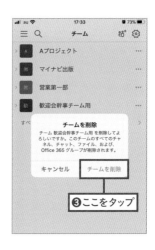

# 15 不要なチャネルを削除する

## 1 「チャネルを削除」を選択する

チームの画面で対象のチャネルの「…」をクリックし、「このチャネルを削除」をクリックします。

💡 HINT
**告知と猶予期間でトラブルを回避**

削除したチャネルは、全参加者が利用できなくなります。まだ使いたい人がいる場合もあるので、削除することを事前に告知し、猶予期間を設けるとトラブルが避けられます。

## 2 削除に同意する

注意書きが表示されるので内容を確認し、「削除」をクリックするとチャネルが削除されます。

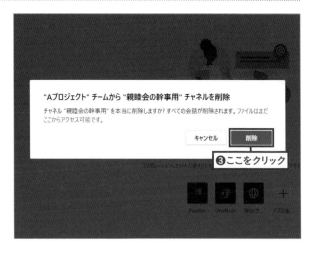

## 削除したチャネルを復元する

HINT

削除したチャネルは、一定の期間なら復元できます。チームの管理画面の「チャネル」タブで「削除済み」のチャネルを表示し、「復元」をクリックしましょう。なお、削除後30日経ったチャネルはこのリストから自動的に消え、復元できません。

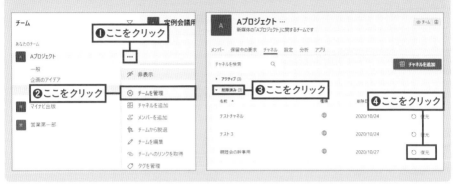

# スマホでチャネルを削除する

チャネルの削除はスマホからも操作できます。チームの一覧で対象のチームの「…」からチャネルの管理画面を表示します。対象のチャネルの「…」から「チャネルを削除」を選択しましょう。

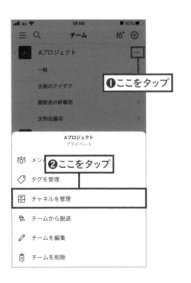

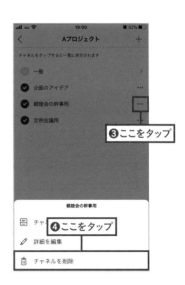

# 16 チャネル単位の通知条件を設定する

**Point**
- 「チャネルの通知」でチャネル単位の通知を設定できる
- オン・オフだけでなく、カスタム条件の設定も可能

## 1 チャネルの通知の条件を選択する

便利な通知機能ですが、頻度によっては煩わしく感じることもあります。チャネルごとに通知を設定するには、チャネルの「…」をクリックし、「チャネルの通知」から条件を選択します。

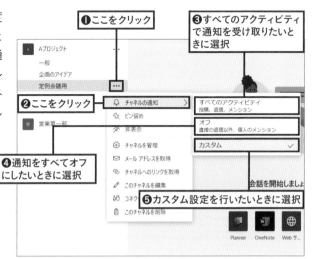

## 2 カスタム条件を指定できる

手順1で「カスタム」を選択すると、図の画面が開き、どのようなときに通知を受け取るかをより詳しく設定できます。希望の条件を選択しましょう。

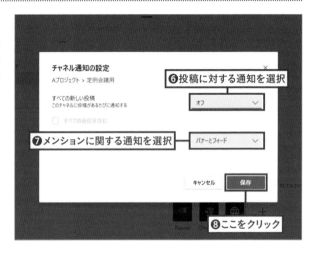

# Chapter3

# メッセージを
# 活用する

3章では「メッセージ」機能について深く掘り下げていきます。
チームメンバーとの連絡や質問のやり取りはもちろん、プロジェクト
間での情報共有に使える「メッセージ」は、Teamsの要の機能の一
つです。業務を円滑に進めるため、基本的な投稿方法から重要な
メッセージの目立たせ方、タグの使い方まで、「メッセージ」機能を
積極的に使いこなしていきましょう。

# 01 チャネルの情報を把握する

**Point**
- ●投稿するチャネルの情報をまとめて把握できる
- ●ボタンのクリックで表示・非表示を切り替えできる

## 1 「チャネル情報の表示」をクリックする

「メッセージ」は、チャネル単位で投稿します。チャネルに関する情報をまとめて確認するには、「チャネル情報の表示」をクリックします。
用途やメンバーが把握でき、趣旨に反した投稿をしてしまったなどのミスを避けられます。

## 2 チャネル情報が表示された

チャネル情報が表示され、チャネルについて、すべてのメンバー、最近投稿したメンバー、チャネルで更新されたことが確認できます。「チャネル情報の表示」を再度クリックすると非表示に戻ります。

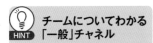

**HINT チームについてわかる「一般」チャネル**

「一般」チャネルは、初期設定されているチーム全員が利用するチャネルのため、「一般」チャネル情報＝チームの情報になります。後から追加した個々のチャネル情報では、そのチャネルのみの情報が表示されます。

# 02 メッセージを読む

## 1 チャネルを表示する

チャネル単位でのメッセージ
のやり取りは、Teamsのコミュ
ニケーションの基本となる機
能です。チャネルの全参加者
で共有する掲示板をイメージ
するとわかりやすいでしょう。
チャネルを選択すると表示さ
れる「投稿」タブで読むことが
できます。

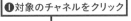

❶対象のチャネルをクリック

❷「投稿」タブ内にメッセージが表示される

---

HINT **チャネルの表示・非表示を切り替える**

チーム名をクリックすると、チーム内のチャネルの表示・非表示を切り替えできます。チャネルの数が増えてきたら、
使わないチャネルは非表示にすると使いやすさがアップします。

---

## 2 詳細を表示する

メッセージが長い場合、詳細
が折りたたまれています。す
べて表示するには、「詳細表
示」をクリックします。

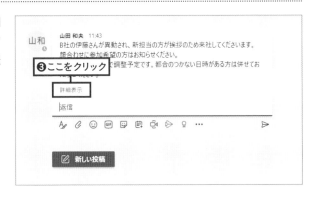

❸ここをクリック

## 3 全文が表示された

メッセージの全文が表示されました。「簡易表示」をクリックすると、再度折りたたんだ状態にできます。

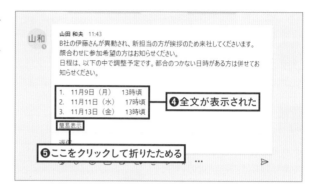

山和　山田 和夫　11:43
B社の伊藤さんが異動され、新担当の方が挨拶のため来社してくださいます。
顔合わせに参加希望の方はお知らせください。
日程は、以下の中で調整予定です。都合のつかない日時がある方は併せてお知らせください。

1. 11月9日（月）　13時頃
2. 11月11日（水）　17時頃
3. 11月13日（金）　13時頃

簡易表示

**④全文が表示された**

**⑤ここをクリックして折りたためる**

---

**HINT　参加前のメッセージも読むことができる**

投稿したメッセージは、チャネルの参加者全員で共有します。後からチャネルに参加した場合でも、過去に投稿されたメッセージを読むことができるので、新たに部署やプロジェクトのメンバーになった人も、それまでの流れや必要な情報を簡単かつ正確に得ることができます。

---

## スマホでメッセージを読む

Teamsのメッセージは、スマホを使って出先などでも簡単に読むことができます。「チーム」の画面で対象のチャネルをタップして表示しましょう。

**❷チャネルをクリック**

**❶ここをクリック**

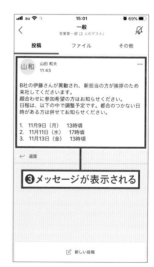

**❸メッセージが表示される**

# 03 メッセージを投稿する

**Point**
- 投稿したメッセージはチャネルの参加者全員が閲覧できる
- 【Enter】キーで送信されるので注意

## 1 作成ボックスを表示する

メッセージを投稿するには、投稿したいチャネルを表示し、「新しい投稿」をクリックします。

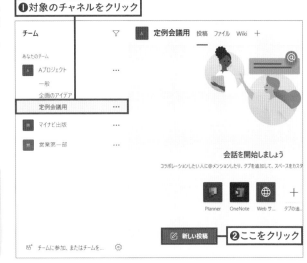

❶対象のチャネルをクリック

❷ここをクリック

**HINT 便利なショートカットキー**

「新しい投稿」を押す代わりに、【Alt】+【Shift】+【C】キーを押しても手順2の状態になります。

## 2 メッセージを入力する

作成ボックスが表示されるので、メッセージを入力し、「送信」をクリックすると投稿できます。

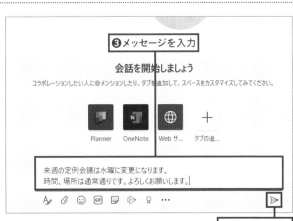

❸メッセージを入力

来週の定例会議は水曜に変更になります。
時間、場所は通常通りです。よろしくお願いします。

❹ここをクリック

**HINT 【Enter】キーでも送信できる**

【Enter】キーを押しても送信できます。便利な一方で、誤って送信してしまうことも多いので気を付けましょう。

## 個人的なやり取りにはチャットを利用しよう

チャネルのメッセージは、チャネル参加者全員に向けたコミュニケーション機能です。個別の相手とのやり取りには、チャット（P115）を利用しましょう。Teamsでは、1対1、複数人でのグループチャットの2種類を利用できます。特定の相手以外に知られたくない内容の場合はもちろん、仕事の用件など「他人に見られても困らない」ものであっても、特定の人のみが対象のメッセージは、無関係の人にとって邪魔になるので注意が必要です。

## メッセージ内で改行するには

作成ボックスで入力中に【Enter】キーを押すとメッセージが送信されてしまいます。作成ボックス内で改行したいときは、【Shift】キーと【Enter】キーを一緒に押します。

## 【Enter】キーでの送信ミスを避けるコツ

投稿したメッセージはP98の要領で編集できますが、誤送信はできれば避けたいものです。そこで覚えておきたいのが書式付きの作成ボックスでの入力です。この状態のときは、【Enter】キーを押すと改行され、送信はされません。「件名」の入力欄（P78）が表示されますが、本文だけの入力でも問題ありません。「書式」をクリックするひと手間がかかりますが、長い文章の入力時など【Enter】キーでの誤送信がおきやすいときに重宝します。

# スマホでメッセージを投稿する

スマホを使うと、出先や移動中などでもメッセージを投稿できます。スマホの場合、PCと異なり改行用のボタンで送信はできません。一般的な入力と同じくテキストが改行できます。

## 1 チャネルを選択する

「チーム」の画面で投稿するチャネルを選択します。

## 2 入力用の画面を開く

「新しい投稿」をタップします。

## 3 メッセージを入力する

メッセージを入力し、「送信」用のアイコンをタップします。

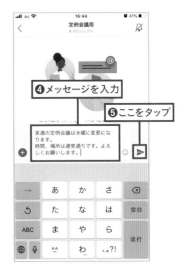

## 4 メッセージが投稿された

メッセーが投稿され、チャネルに表示されました。

# 04 メッセージに返信する

## 1 「返信」をクリックする

メッセージへの返信を投稿するには、対象のメッセージを表示し、「返信」をクリックします。

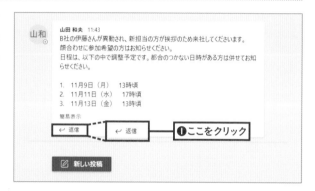

### 便利なショートカットキー

「返信」を押す代わりに、【Alt】+【Shift】+【R】キーを押しても手順2の状態になります。

## 2 メッセージを入力する

返信用の入力欄が表示されるので、メッセージを入力して、送信用ボタンをクリックします。

### 【Enter】キーでも送信できる

【Enter】キーを押しても送信できます。便利な一方で、誤って送信してしまうことも多いので気を付けましょう。

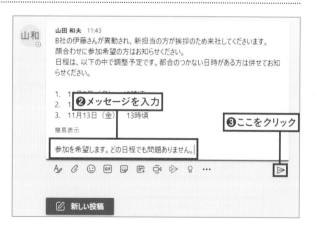

## 3 返信が投稿できた

返信が投稿できました。スレッド表示により元のメッセージの下に追加されていくため、スレッド内のやり取りが簡単に把握できます。

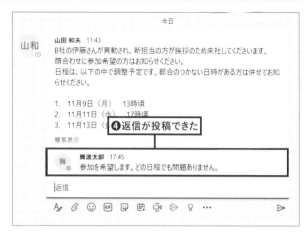

### 💡HINT 返信が折りたたまれているときは

返信の数が増えると、一覧の状態では非表示になります。元のメッセージの下に「〇件の返信」と表示されているときは、その件数分の返信が非表示になっています。「〇件の返信」の文字をクリックすると、非表示になっている返信を表示できます。

---

## スマホで返信を投稿する

スマホの場合も、投稿メッセージの下にある「返信」から返信できます。送信の方法は新規の投稿の場合と同じです。「返信」をタップして、表示される入力欄にメッセージを入力して送りましょう。

# 05 メッセージに件名を付ける

## 1 書式付きの入力画面を表示する

通常のメッセージにはありませんが、件名を付けて投稿することもできます。P73の要領でメッセージ作成ボックスを表示し、「書式」をクリックします。

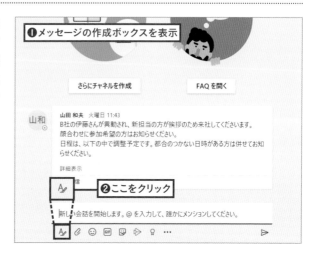

## 2 件名を入力する

件名の入力欄が表示されるので、件名を入力し、メッセージを入力して送信します。

**書式なしに戻るには**

書式付きの入力画面で、再度「書式」ボタンをクリックすると書式なしの入力画面に戻ります。

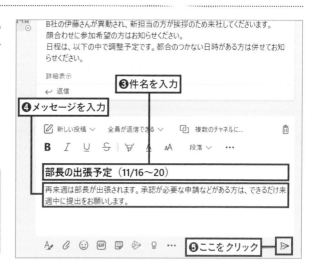

## 3 件名付きで投稿できた

件名付きのメッセージが投稿されました。目立つ文字で件名が表示され、内容も把握しやすくなりました。

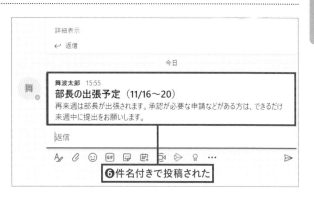

舞波太郎　15:55
**部長の出張予定（11/16〜20）**
再来週は部長が出張されます。承認が必要な申請などがある方は、できるだけ来週中に提出をお願いします。

**⑥件名付きで投稿された**

---

# スマホで件名付きメッセージを投稿する

スマホで件名付きのメッセージを投稿するには、メッセージ作成ボックス（P75）の「＋」アイコンをタップして、「書式設定」をタップします。すると書式付きメッセージの入力画面になり、件名を入力できます。

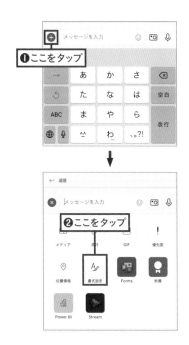

**❶ここをタップ**

**❷ここをタップ**

**❸件名入力欄が表示される**

※手順2のアプリの一部は、利用するMicrosoft アカウントの種類によっては表示されない場合もあります

# 06 重要なメッセージを目立たせる

**Point**
- 投稿の見落とし防止に役立つ2つの機能「アナウンス」と「重要」
- 「アナウンス」の背景色は自由に変更できる

## 1 投稿の種類を選択する

「アナウンス」は、投稿の見落としを避けるのに役立つ機能です。投稿するには、書式付きのメッセージ作成ボックス（P78）を表示し、投稿の種類を「アナウンス」に変更します。

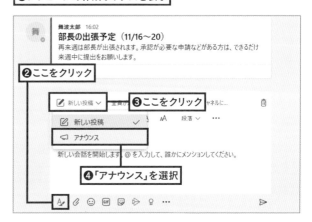

❶メッセージの作成ボックスを表示

❷ここをクリック
❸ここをクリック
❹「アナウンス」を選択

**HINT スマホでは「アナウンス」は投稿できない**

「アナウンス」の投稿は、スマホから行うことはできません。

## 2 見出しを入力する

「アナウンス」の入力画面になるので見出しを入力します。背景色を選択し、メッセージを入力します。ここでは続けて重要度を設定しますが、このまま送信してもOKです。

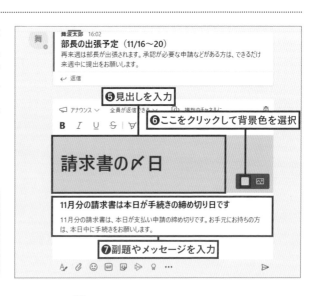

❺見出しを入力
❻ここをクリックして背景色を選択
❼副題やメッセージを入力

請求書の〆日

11月分の請求書は本日が手続きの締め切り日です

11月分の請求書は、本日が支払い申請の締め切りです。お手元にお持ちの方は、本日中に手続きをお願いします。

**HINT 機能は別々に利用できる**

ここでは同時に設定しますが、アナウンス、重要はそれぞれ別に利用もできます。

## 3 重要としてマークする

メッセージの重要度を変更するのも、見落としを避ける手段の一つです。書式付きのメッセージ作成ボックスで、「…」をクリックして、「重要としてマーク」を選択します。

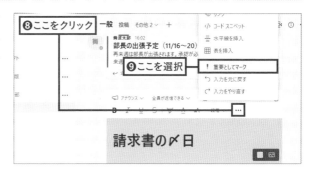

## 4 赤字で「重要」と表示される

メッセージが「重要」に設定され、赤字で「重要!」と表示されました。「送信」をクリックして送信します。

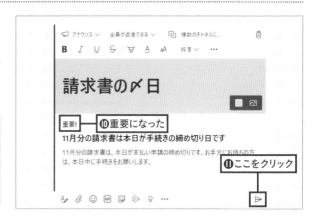

 **スマホで重要度を設定する**

HINT

スマホで「重要」を設定するには、メッセージ入力欄の「+」をタップして「優先度」をタップします。

## 5 重要にしたアナウンスが投稿できた

アナウンスには大きな見出しが付きます。また重要度を示す赤いライン、アイコン、文字が表示されています。

 **チャネル一覧にも重要マークが付く**

HINT

「重要」な未読の投稿があるチャネルは、チャネル一覧のチャネル名に「!」マークが表示されます。

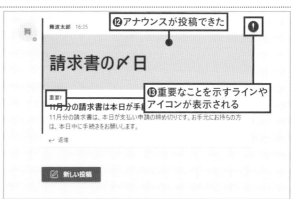

**Point**
- ●重要箇所の強調などに利用できる書式がいくつもある
- ●書式付きの入力画面のボタンから設定できる

## 1 書式付きの入力画面を表示する

P78の要領でメッセージ作成ボックスを書式付きの入力画面にし、メッセージを入力します。

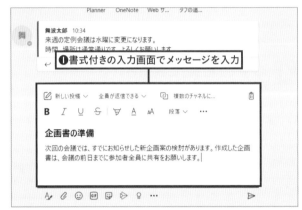

## 2 文字色を選択する

対象の文字を選択し、「フォントの色」をクリックして色を選択します。

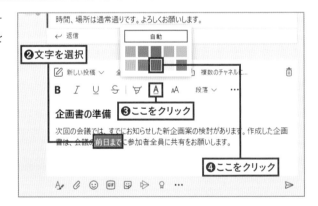

---

💡 **HINT　表示されているボタンの数**

表示されるボタンの数は、ウィンドウのサイズにより変化します。目当てのボタンが非表示の時は、書式設定用ボタンの右端にある「…」をクリックして選択できます。

## 3　文字色が変わった

文字の色が変わりました。必要な箇所の編集を終えたら送信しましょう。

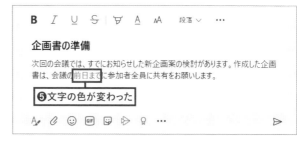

 **太字やハイライトカラーもある**

文字色以外にもいくつもの書式が利用できます。主な機能を確認しておきましょう。たとえばハイライトカラーを使うと、図のように文字の背景に色を付けられます。

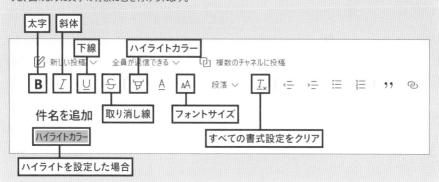

---

# スマホで文字の書式を変更するには

P79の要領で書式付きメッセージの入力画面を表示すると、「フォントの色」などのボタンを利用できます。ボタンをタップした状態で文字を入力するか、対象の文字を選択してボタンをタップすると編集できます。なお、スマホで利用できる書式はPCの場合に比べると少なく、「フォントの色」で利用できる文字色も赤だけです。

# 08 メッセージに表組を挿入する

Point
- ●ビジネスで利用頻度の高い表組をメッセージに挿入できる
- ●ドラッグでマス数を選ぶだけで簡単に表が作れる

## 1 マス目の数を選択する

メッセージ作成ボックスを書式付きの入力画面(P78)にし、「表を挿入」をクリックして、必要なマス目を選択します。

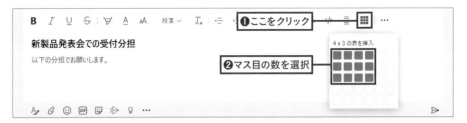

❶ここをクリック
❷マス目の数を選択
4 x 3 の表を挿入

### HINT 表示されているボタンの数

表示されるボタンの数は、ウィンドウのサイズにより変化します。目当てのボタンが非表示の時は、書式設定用ボタンの右端にある「…」をクリックして選択できます。

## 2 表内に文字を入力する

表が挿入されるので、マス目をクリックして文字を入力します。

❸表が挿入された
❹文字を入力する

| | Aブロック受付 | Bブロック受付 | Cブロック受付 |
| --- | --- | --- | --- |
| 初日 | 田中さん | 鈴木さん | 伊藤さん |
| 二日目 | 加藤さん | 山本さん | 村田さん |

### HINT 表を削除するには

表全体をドラッグして選択した状態で、【Delete】キーを押すと削除できます。

# 09 メッセージに絵文字やステッカーを使う

**Point**
- 絵文字、ステッカーを簡単に挿入できる
- ステッカーはLINEのスタンプのような機能

## 絵文字を挿入する

### 1 「絵文字」ボタンをクリックする

メッセージに絵文字を挿入するには、メッセージ入力時に「絵文字」ボタンをクリックします。

### 2 絵文字を選択する

表示される一覧で絵文字をクリックすると挿入できます。

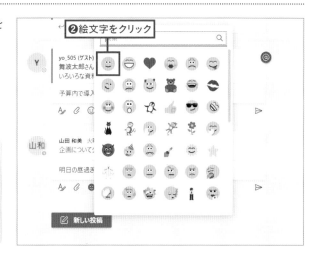

**HINT チャットでも利用できる**

本誌ではメッセージで紹介していますが、チャットでも同様の操作で絵文字とステッカーを挿入できます。

**HINT スマホで絵文字を挿入する**

スマホでもメッセージ、チャットともに絵文字を挿入できます。入力欄の右端にある「絵文字」アイコンをタップして、絵文字を選択しましょう。

# ステッカーを挿入する

## 1 ステッカーを選択する

メッセージ入力時に「ステッカー」ボタンをクリックして、ステッカーを選択します。

(💡) **文字が入力できないステッカーもある**
HINT

図の画面で鉛筆型のアイコンがないステッカーは、文字は入力できず、ここで選択するだけで挿入されます。

## 2 文字を入力する

入力欄が表示されたときは、必要に応じて文字を編集または入力して、「完了」をクリックします。

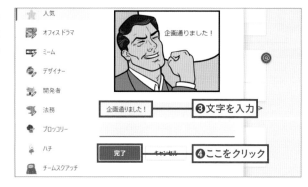

## 3 メッセージを送信する

メッセージにステッカーが挿入されました。「送信」ボタンを押して送信できます。

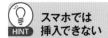 **スマホでは挿入できない**
HINT

原稿執筆時点では、スマホ版のアプリではステッカーの挿入はできません。

# 10 メッセージにファイルを添付する

## 1 ファイルの所在を選択する

メッセージ作成ボックスの下にある「添付」ボタンをクリックして、ファイルの所在を選択します。

❶ここをクリック　　❷ファイルのある場所を選ぶ

---

💡 **HINT**

### OneDriveやTeams内のファイルも添付できる

ここではPC内のファイルを添付していますが、OneDrive内やすでにチームやチャネルにアップロード済のファイルを選び、添付することもできます。チームやチャネルへのアップロードの仕方はP143、OneDriveの使い方はP167で紹介しています。

## 2 ファイルを選択する

ファイルの選択画面で添付したいファイルを選択し、「開く」をクリックします。

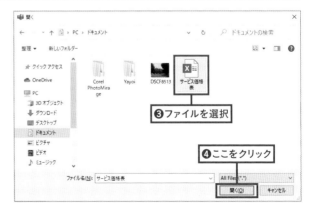

❸ファイルを選択

❹ここをクリック

**3** ファイルが添付された

メッセージにファイルが添付
されました。「送信」をクリック
して送ります。

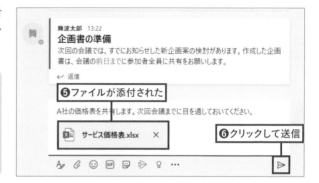

💡 **添付ファイルは**
HINT **「ファイル」タブにある**

添付ファイルは、Teamsのスト
レージに自動的にアップロードさ
れ、チャネルの「ファイル」タブか
ら簡単に利用できます（P138）。

**❺ ファイルが添付された**

**❻ クリックして送信**

**4** 添付ファイルが投稿された

ファイル付きのメッセージが
投稿できました。添付ファイ
ルの開き方はP91で紹介しま
す。

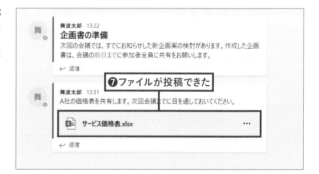

**❼ ファイルが投稿できた**

---

💡 **スクリーンショットは**
HINT **本文内に貼り付けできる**

画面のスクリーンショットは、メッセージ本
文内に画像として張り付けできます。ファイ
ルを添付（アップロード）するほどでもないが、
画像を確認してほしいといった場合に便利
です。
Windowsの場合、【PrintScreen】キーを
押すとデスクトップ全体、【Alt】キー＋
【PrintScreen】キーでアクティブなウィンド
ウのスクリーンショットが撮れます。
Windows 10であれば、【Windows】キー
＋【Shift】キー＋【S】キーで任意の領域のス
クリーンショットも撮れます。

メッセージの作成画面で【Ctrl】キー＋【V】キーを
押してスクリーンショットを貼り付けると、メッセー
ジ内に画像を挿入できる

# スマホでメッセージにファイルを添付する

スマホ内のファイルを添付することもできます。なお、スマホで撮った写真は、ここで紹介する方法で添付するほか、次ページの方法でメッセージ内に含めることもできます。

## 1 「+」をタップする

メッセージ作成ボックスを開き、「+」アイコンをタップします。図では先にテキストを入力しています。

## 2 ファイル選択用画面を開く

表示されるアイコンから、「添付」をタップします。

## 3 ファイルを選択する

ファイルの所在を選択し、添付したいファイルをタップします。図では「最近使った項目」を選んでいますが、「ブラウズ」をタップし、保存場所を選ぶこともできます。

## 4 ファイルが添付された

メッセージにファイルが挿入されます。「送信」をタップして送信します。

# スマホで撮った写真をメッセージに挿入する

スマホ版のアプリには、スマホのカメラで撮影した写真をメッセージ内に挿入する機能があります。メッセージアプリやLINEなどで写真を送るように利用でき、「写真を見てほしい」ときに重宝します。

## 1 「メディア」をタップする

メッセージ作成ボックスを開き、「メディア」のアイコンをタップします。隠れているときは、「+」アイコン>「メディア」の順でタップできます。

## 2 写真の挿入方法をタップ

スマホ内の写真を挿入するには「フォトライブラリ」をタップします。なお、「カメラ」を起動して、その場で写真を撮ることもできます。

## 3 写真を選択する

写真を選択し、次の画面で「完了」をタップします。図では1つですが、写真は複数選択もできます。

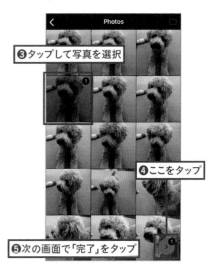

## 4 画像が挿入された

メッセージ内に写真が挿入できました。テキストなどを追加して、送信しましょう。

# 11 メッセージ内の添付ファイルを開く

**Point**
- クリックするだけで簡単に開くことができる
- Officeのファイルは編集可能な状態で開く（P148）

## 1 ファイルをクリックする

添付ファイルを開くには、メッセージ内の添付ファイルをクリックします。

❶ファイルをクリック

**HINT ファイルについての詳細は5章を参照**

共同編集など共有したファイルの活用方法は、P137〜170で紹介しています。

## 2 ファイルが開いた

ファイルの内容が表示されます。「閉じる」をクリックして閉じると元の画面に戻ります。

❷添付ファイルが開いた

❸クリックしてファイルを閉じる

**HINT 表示画面はファイルの種類による**

Officeのファイルの場合は、図のように編集可能な画面、画像ファイルの場合はズーム用のボタンが表示された画面など、ファイルを開いたときの画面はファイルの種類によって変化します。

# スマホで添付ファイルを開く

スマホでも添付ファイルを開くことができます。単に開くだけのときは、タップするだけでOK です。Officeファイルの場合は、図のようにアプリで開いて編集もできます。

## 1 ファイルを閲覧する

チャネルに投稿された添付ファイルを開くに は、ファイルをタップします。

## 2 ファイルが開いた

ファイルが開きました。写真などと同じ要領で 表示を拡大・縮小できます。

## 3 ファイルを編集する

添付ファイルの「…」をタップして、「アプリで 開く」をタップします。

## 4 アプリで開いた

添付ファイルがアプリで起動しました。アプリ の機能を使って編集もできます。

# 12 メンションで相手を指定して投稿する

## 個人にメンションする

### 1 メンションする人を指定する

メッセージの作成ボックスで、「@」を入力して、表示される候補からメンションする人を選択します。手順を繰り返し、複数の相手を設定することもできます。

❶「@」を入力

❷相手を選択

### 2 メッセージを入力して送信する

メンションが設定されます。敬称を付けたいときは、図のようにメッセージの冒頭に敬称を入力しましょう。メッセージを入力して送信します。

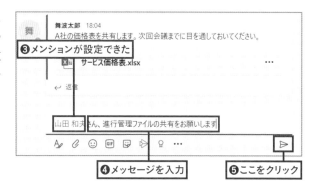

❸メンションが設定できた

❹メッセージを入力

❺ここをクリック

## 3 メンション付きで投稿できた

メンション付きのメッセージが
投稿できました。冒頭にユー
ザー名が表示されます。

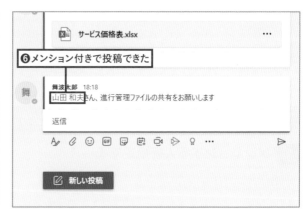

❻メンション付きで投稿できた

### 返信時も利用できる

メンションは返信メッセージでも
同様に利用できます。大勢が返
信している投稿で、特定の人の
意見に言及したいときなどに便
利です。

### メンションされた側は
### こう見える

メンションされた側から見ると、メッセージ
の右上の「@」アイコンや赤字で表示される
名前により、ほかのメッセージに比べて気
が付きやすくなっています。また、自分がメ
ンションされたメッセージが投稿された場
合、そのことを知らせる通知が届くように初
期設定されています。

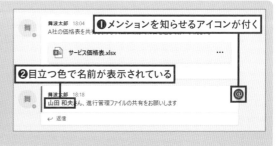

❶メンションを知らせるアイコンが付く

❷目立つ色で名前が表示されている

---

# スマホでメンションを設定する

スマホの場合も同様に、メッセージの作成ボッ
クスで「@」を入力し、表示される候補から対
象をタップするとメンション相手を設定できま
す。

❶「@」を入力

❷対象をタップ

# チャネルやチーム全体にメンションする

## 1 メンションするチャネルを指定する

チャネルの全員にメンションするには、「@」の後ろにチャネル名の一部を入力して、表示される候補をクリックします。

❷チャネルを選択

❶「@」とチャネル名の一部を入力

## 2 チャネルがメンションされた

チャネル宛てのメンションが設定されました。メッセージを入力して送信しましょう。

チャネルやチームにメンションした投稿には、そのことを知らせるアイコンが表示されます。アイコンの種類によって、メンションの対象がわかるようになっています。

❸メンションが設定できた　❹メッセージを入力

❺ここをクリック

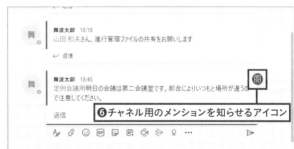

❻チャネル用のメンションを知らせるアイコン

---

### 💡 HINT　全体にメンションする理由

チャネルへの投稿は、それ自体がチャネルの全員に宛てたメッセージではありますが、やり取りが増えてくると、「注意を払っていなかったメッセージを見落とした」といったことも起こります。メンションを付けることで、「読んでほしい」と名指しされたメッセージが届いていることがわかりやすくなり、メッセージの見落としを防ぐのに役立ちます。

# タグを使って特定のグループにメンションする

## 1 タグの仕組み

「タグ」機能は、チームやチャネル内にグループを作り、メンバーを分類するのに役立ちます。たとえば「営業部」のチーム内で、各課のマネージャーに「マネージャー」タグ、若手の社員に「若手」タグ、取引先のA社に関係する社員に「A社関係者」タグを設定するといった具合に、それぞれのグループに属する人にタグを設定します。メンションやチャットの宛先にタグを使用することで、特定のグループに属する人へのメンションが簡単に行えます。

## 2 タグの設定画面を表示する

チーム内にタグを設定するには、チームの管理画面（P46）で「メンバーおよびゲスト」を表示し、対象の「タグ」欄にカーソルを合わせ、表示されるタグアイコンをクリックします。

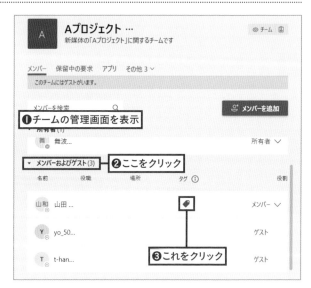

> 💡 **HINT** **タグの追加は制限がある場合も**
> タグの乱立を避けるため、初期設定では、タグを追加できるのはチームの所有者のみになっています。他の人にも許可する場合は、P48の要領で変更できます。

## 3 タグを作成する

作成したいタグ名を入力して、「(タグ名)タグを作成」をクリックします。

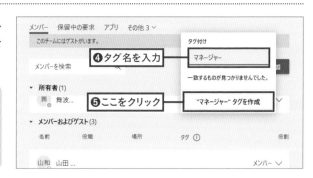

> 💡 **HINT** **タグの管理画面からも追加できる**
> チームの「…」から「タグの管理」を選択した画面でも、タグの作成や設定が可能です。

## 4 タグが設定できた

タグが設定され、タグ名または個数が表示されます。
個数が表示されているときは、「〇個のタグ」にカーソルを合わせると、タグの詳細がわかります。

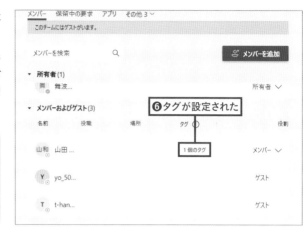

❻タグが設定された

**HINT タグを外すには**

タグを外すには、下のコラムの要領でタグの一覧を表示し、行頭のチェックを外します。

## 5 タグを使ってメンションする

タグを使ってメンションするには、メッセージの入力時に「@」とタグ名（名前の一部でもOK）を入力し、表示されるタグを選択しましょう。

❼「@」とタグ名を入力

❽使用するタグをクリックしてメンションできる

**HINT 作成済みのタグを利用する**

作成済みのタグは、図のように一覧表示され、チェックを付けるだけでタグ付けできます。

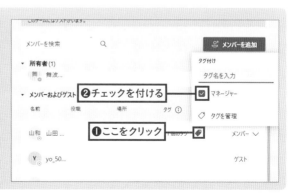

❷チェックを付ける

❶ここをクリック

# 13 メッセージを修正・削除する

Point
- 自分が投稿したメッセージは編集と削除が可能
- 編集したメッセージには「編集済み」と表示される

## 1 「編集」を選択する

メッセージの上にカーソルを合わせると表示される「…」をクリックして、「編集」を選択します。

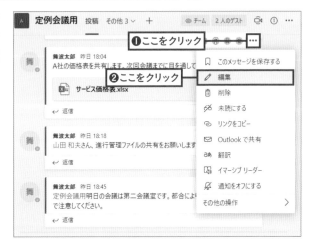

## 2 修正を加える

メッセージが編集可能になるので、修正を加え、チェックアイコンをクリックします。

💡 **HINT**
### 時間が経ってからの修正には注意

メッセージを修正すると、手順3のように「編集済み」と表示されますが、修正があったことを知らせる通知は行われません。投稿後に時間が経ってからの修正は、すでに読んだ人が気が付かない可能性があるので注意しましょう。

## 3 メッセージを修正できた

メッセージが修正できました。編集したメッセージには「編集済み」と表示され、修正があったことが他のメンバーにもわかるようになっています。

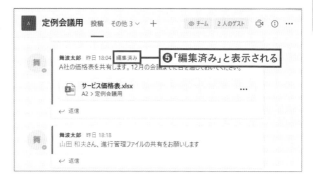

⑤「編集済み」と表示される

### 💡 HINT メッセージを削除するには

手順1の要領で「削除」を選択すると、メッセージを削除できます。削除直後は、自身の画面上に「このメッセージは削除されました」と表示され、その横にある「元に戻す」をクリックして削除を取り消すこともできます。なお、このメッセージが表示されるのは、投稿者の画面のみで、サインインをし直すなどすると消えます。

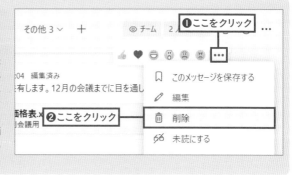

❶ここをクリック

❷ここをクリック

- このメッセージを保存する
- ✏ 編集
- 🗑 削除
- 👓 未読にする

---

 ## スマホで編集・削除する

メッセージの編集・削除方法は、スマホの場合もほぼ同じです。メッセージ右上に表示されている「…」をタップし、「メッセージを編集」または「メッセージを削除」を選択しましょう。なお、スマホでメッセージを削除した場合、「元に戻す」は表示されず、元に戻すことはできません。

❶ここをクリック

❷クリックして編集できる

❸クリックして削除できる

## 1 「いいね!」をクリックする

対象のメッセージの上にカーソルを合わせ、表示される「いいね!」をクリックします。
ほかの感情も同様にクリックで利用できます。

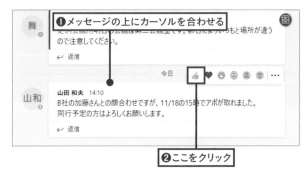

**❶メッセージの上にカーソルを合わせる**

**❷ここをクリック**

**HINT スマホの場合**

スマホで「いいね!」を利用するには、メッセージの右上に表示されている「…」をタップして、「いいね!」アイコンをタップします。

## 2 「いいね!」が付いた

投稿に「いいね!」が付きました。表示されている数字は「いいね!」の数です。
カーソルを合わせると、「いいね!」した人を表示できます。

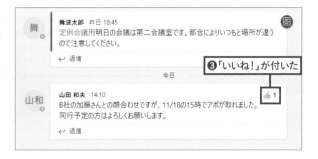

**❸「いいね!」が付いた**

**HINT 「いいね!」を取り消すには**

「いいね!」を取り消すには、投稿に付いた「いいね!」をクリックします。

# 15 自分宛てのメンションや未読を確認する

**Point**
- ●「最新情報」の「フィード」でさまざまな情報を確認できる
- ●「フィード」の「フィルター」ボタンでメッセージを絞り込む

## 1 「フィード」を表示する

「最新情報」の「フィード」を表示します。「フィード」は、自分へのメンションや返信、およびその他の通知が表示される画面です。「フィルター」をクリックします。

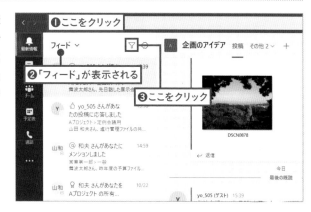

## 2 「メンション」で絞り込む

表示される「…」をクリックして、「メンション」を選択します。

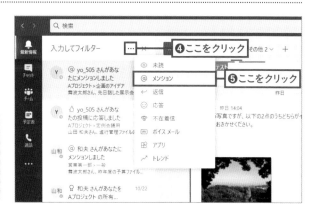

**HINT メッセージを検索するには**

条件を指定して、メッセージやファイルを検索する方法はP241で紹介しています。

**HINT 自身の行動を確認できる**

図の画面で「フィード」をクリックして「マイアクティビティ」を選択すると、Teams内での自身の行動がまとめられた「マイアクティビティ」を表示できます。

## **3** 該当メッセージが表示された

自分がメンションされたメッセージだけが絞り込まれました。クリックしてメッセージを表示できます。絞り込みを解除するには、「×」アイコンをクリックします。

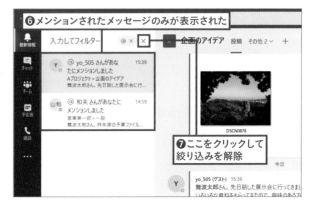

⑥メンションされたメッセージのみが表示された

⑦ここをクリックして絞り込みを解除

**HINT**

### 未読のメッセージを確認するには

手順1の要領で「…」をクリックして、「未読」を選択すると、未読のメッセージのみを表示できます。

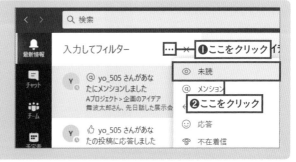

❶ここをクリック

❷ここをクリック

---

# スマホでメンションや未読を表示する

スマホの場合も「フィルター」で絞り込みができます。「最新情報」を表示し、「フィルター」をタップして、「未読」や「メンション」を選択しましょう。

❶ここをタップ

❷ここをタップ

❸「未読」や「メンション」を選択

# 16 後で読みたいメッセージを保存する

**Point**
- ●メッセージの見つけやすさアップ、返信忘れ防止に便利
- ●保存したメッセージは「保存済み」でまとめて表示できる

## 1 メッセージを保存する

対象のメッセージにカーソルを合わせ、「…」から「このメッセージを保存する」を選択します。これでメッセージが保存できました。

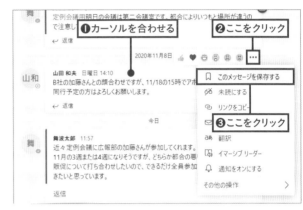

## 2 「保存済み」を開く

保存したメッセージを読むには、プロフィールアイコンをクリックして、「保存済み」を選択します。

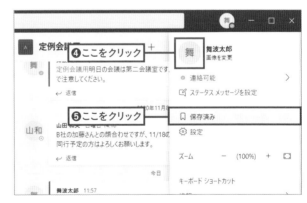

**HINT** 　**保存中の返信について**

保存したメッセージへの返信や修正は随時反映されるため、「保存済み」から開いたときと、保存したときの状態は必ずしも同じではありません。

## **3** 保存したメッセージを読む

保存済みメッセージが一覧表示されます。選択すると内容が表示され、対象のメッセージが数秒間強調されます。しおり型のアイコンをクリックすると保存を取り消しできます。

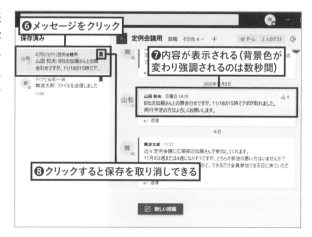

⑥メッセージをクリック

⑦内容が表示される(背景色が変わり強調されるのは数秒間)

⑧クリックすると保存を取り消しできる

---

 ## スマホでメッセージを保存する

メッセージはスマホからも保存できます。出先で気になったメッセージを保存しておくのに重宝します。メッセージの保存は、図の要領で「保存」を選択すればOKです。PCの場合と同じく、「保存済み」を選択すると保存したメッセージを一覧表示できます。

❶ここをタップ

❷タップすると保存できる

❸ここをタップ

❹タップすると保存済みの一覧が開く

# 17 メッセージをピン留めする

Point
● 重要なメッセージを差別化するのに便利な機能
● ピン留めしたメッセージは「チャネルの情報」で確認できる

## 1 「ピン留め」を選択する

メッセージにカーソルを合わせ、「…」をクリックして「ピン留めする」を選択します。

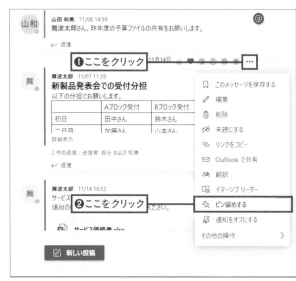

## 2 ピン留めを確認する

確認の画面が表示されるので、「ピン留めする」ボタンをクリックします。

HINT

### チャネルの利用者全員に反映される

メッセージのピン留めは、チャネルを利用する全ユーザーに適用されます。個人的に気になるメッセージを目立たせるための機能ではないので注意しましょう。例えば「チャネルの活用ルールを投稿したメッセージをピン留めし、後から参加する人も含め、すぐに見られるようにする」「全員が期日までに着手すべきことに関するメッセージをピン留めして忘れないようにする」などの使い方ができます。チーム全体の使い勝手を考えて活用しましょう。

## 3 メッセージがピン留めされた

メッセージがピン留めされました。そのことを示すアイコンが表示され、チャネル内で見つけやすくなります。

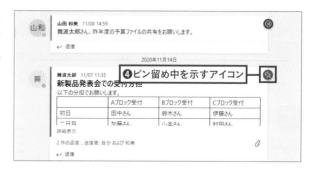

④ピン留め中を示すアイコン

## 4 「チャネル情報」で確認できる

画面上部のアイコンをクリックして「チャネル情報」を表示すると、「ピン留めされた投稿」を確認できます。

⑤ここをクリック

⑥ピン留めされた投稿を確認できる

### HINT ピン留めした投稿だけを表示する

⑥の部分にある「ピン留めされた投稿」の文字をクリックすると、ピン留めされた投稿だけを表示できます。

### HINT ピン留めを解除するには

対象のメッセージにカーソルを合わせて「…」をクリックし、「ピンを外す」を選択すると解除できます。

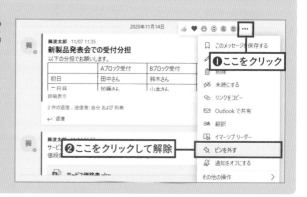

❶ここをクリック

❷ここをクリックして解除

# 18 チャネルのメールアドレスを活用する

**Point**
- ●チャネルごとにメールアドレスを取得できる
- ●メールアドレスに送信するとチャネルに投稿される

## 1 メールアドレスを取得する

チャネルのメールアドレスを取得するには、対象のチャネルの「…」をクリックして、「メールアドレスを取得」を選択します。

❶対象のチャネルのここをクリック

❷ここをクリック

## 2 アドレスをコピーする

アドレスが作成されるので、「コピー」をクリックしてコピーします。メールソフトなどに貼り付けて利用しましょう。

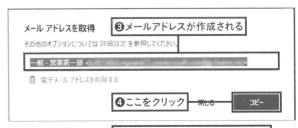

**メール アドレスを取得** ❸メールアドレスが作成される

その他のオプションについては 詳細設定 を参照してください。

一般 - 営業第一部 <　　　　　　　　　　　　　　　　　>

電子メール アドレスを削除する

❹ここをクリック　閉じる　コピー

❺メールソフトなどに貼り付けできる

**HINT チャネルのメールアドレスはこんな使い方もできる**

受信したメールをチャネルのアドレスに転送すると、メッセージとして投稿でき、簡単に共有できます。また、メルマガ専用のチャネルを作り、全員に必要なメルマガの配信先をそのチャネルのメールアドレスにするのも便利な使い方です。

# 19 場所情報を追加する

## 1 「Places」を起動する

場所情報を投稿するには、投稿の入力欄で「…」をクリックして、「Places」をクリックします。

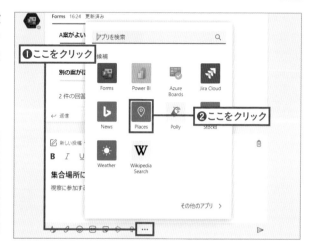

### アイコンが表示されているときは

一度Placesを起動し、「…」の横に「Places」のアイコンが表示されているときは、直接クリックします。

## 2 Placesアプリを導入する

場所情報を挿入するには、Placesアプリを使います。初回の起動時にアプリの導入を求められたときは、「追加」をクリックし、画面の指示に従い現在地を設定します。

### テキストも入れたいときは書式付きで投稿する

図のように書式付きのメッセージ(P78)にすると、テキストと地図を同時に送信できます。地図を入れたい場所にカーソルを合わせて操作しましょう。通常のメッセージの場合は、地図のみが送信されます。

## 3 場所を指定する

「Places」の検索欄に場所名や住所などを入力し、表示される候補をクリックします。

## 4 場所情報が挿入できた

メッセージ内に場所情報が挿入されました。通常の場合と同じく送信できます。

## 5 場所情報が投稿された

場所情報付きのメッセージが投稿できました。地図の拡大に加え、その場所へのルートやWebサイトもクリックで表示できます。

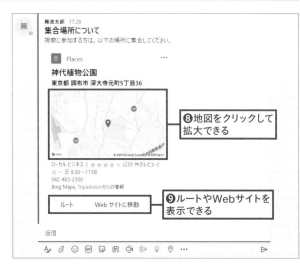

### HINT スマホでは現在地を挿入できる

スマホの場合、メッセージ入力欄横の「+」をタップし、「位置情報」をタップすると、現在地の位置情報を投稿することができます。

# 20 チャネルにアンケートを投稿する

**Point**
- ●チーム内での意思決定に役立つ投票を作成できる
- ●投票結果は自動で集計される

## 1 「Forms」を起動する

メッセージの作成ボックスを
で、「…」をクリックして、
「Forms」をクリックします。

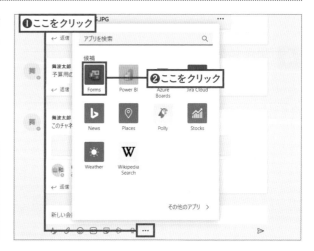

❶ここをクリック

❷ここをクリック

**HINT テキストも入れたい ときは書式付きで**

書式付きのメッセージ(P78)に
すると、テキストとアンケートを
同時に送信できます。

## 2 アンケート内容を設定する

アンケートのタイトルを入力
し、「オプション」欄に選択肢
を入力します。

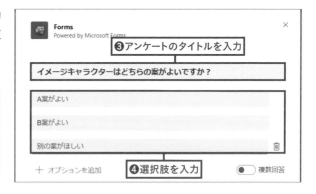

❸アンケートのタイトルを入力

❹選択肢を入力

**HINT 選択肢が多いとき**

選択肢を増やしたいときは、「オ
プションを追加」をクリックして
追加できます。

**HINT オプションを削除するには**

オプションを削除するには、対象のオプションの選択時に右端に表示されるゴミ箱のアイコンをクリックします。

## 3 詳細を指定して保存する

複数回答の有無や、結果の共有、回答の匿名などを設定し、「保存」をクリックします。

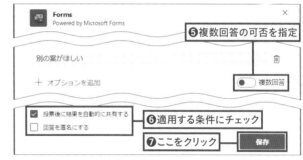

❺複数回答の可否を指定
❻適用する条件にチェック
❼ここをクリック

## 4 アンケートを投稿する

カードのプレビューを確認して、「送信」ボタンをクリックします。

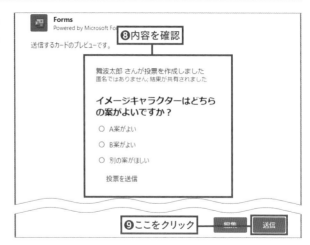

❽内容を確認
❾ここをクリック

### HINT チャットにもアンケートを作成できる

チャットにも同様にアンケートを作成できます。チャットのメッセージ入力欄で「…」をクリックし、検索欄で「Forms」を検索して、選択しましょう。その際、Formsの導入を求める画面が表示された場合は、「追加」をクリックしてチャットでもFormsを使えるようにします。なお、一度利用すると、「…」の隣に「Forms」のアイコンが追加され、クリックして利用できます。

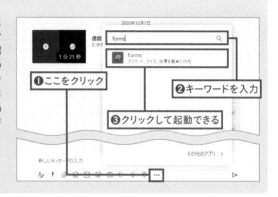

❶ここをクリック
❷キーワードを入力
❸クリックして起動できる

## 5 アンケートが投稿できた

作成したアンケートがチャネルに投稿されました。チャネルの利用者は、選択肢を選び、「投票を送信」をクリックして回答できます。また、すぐ下には投票結果の集計が投稿されていて、アンケートに回答があると、随時結果が反映されます。

⑩アンケートが投稿された

⑪チャネルの参加者が投票可能

⑫集計も投稿され、チャネルの参加者が閲覧できる

---

## スマホでもアンケートを作成できる

アンケートはスマホからも作成・回答が可能です。スマホでアンケートを作るには、チャネルのメッセージ入力欄横の「＋」をタップし、「Forms」をタップします。

❶ここをタップ

❷ここを選択

❸アンケートを作成できる

## Column 参加者への賞賛を投稿できる

チャネルには、イラストなどを添えた「賞賛」を投稿する機能もあります。通常のメッセージより目立たせて、感謝や敬意を表したいときなどに利用できます。メッセージの作成ボックスで「賞賛」をクリックし、バッジを選ぶだけで簡単に送信できます。

## 1 「賞賛」をクリックする

メッセージの作成ボックスで「賞賛」をクリックします。

## 3 宛先を指定する

「宛先」に名前を入力して、受信者を追加します。必要に応じて個人用メモを追加し、「プレビュー」をクリックします。

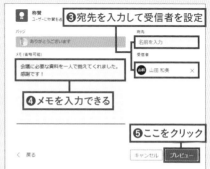

## 2 バッジを選択する

送信したい「賞賛」の内容に合わせて、バッジを選択します。

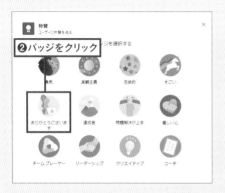

## 4 プレビューを確認して投稿する

カードのプレビューを確認できます。「送信」をクリックすると、カードをチャネルに投稿できます。

**複数のチャネルにまとめてメッセージを投稿する**

複数のチャネルに同じメッセージを投稿したいときは、まとめて投稿する機能を利用すると手間が省けます。書式付きのメッセージ作成ボックスを表示し、「複数のチャネルに投稿」>「チャネルを選択」をクリックして、対象のチャネルを選択します。すると「投稿先」が複数選択されたメッセージが作成できるので、「送信」ボタンを押して送信します。

なお、この機能で選択できるのは、自分が参加しているチャネルのみです。

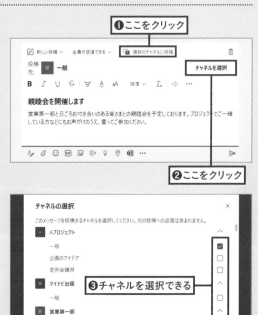

**メッセージにアニメーションを挿入する**

チャネルのメッセージとチャットに、「Giphy」というアニメーションを挿入できます。メッセージの作成ボックスで「Giphy」の挿入ボタンをクリックし、アニメーションを選ぶと挿入できます。「Giphy」はスマホからも利用でき、メッセージの入力欄横にある「+」をタップし、「GIF」をタップしてアニメーションを選択できます。

# Chapter4

# チャットを活用する

Teamsの「チャット」とは、特定の人と個別にメッセージのやり取り
ができる機能です。チームやチャネルにとらわれることなく、自由に
やり取りができる「チャット」機能は、社内(学内)のコミュニケーショ
ンの活性化には欠かせません。1対1はもちろん、複数人でのチャッ
トも設定できます。

# 01 | 1対1でチャットする

**Point**
- ●宛先に指定した人だけが閲覧でき、個別のやり取りが可能
- ●書式設定や「いいね！」などメッセージと同じ機能がほぼ使える

## 1 新しいチャットを開始する

特定の相手とだけやり取りしたいときは、チャット機能を利用します。初めての相手とチャットをするには、「チャット」の画面で「新しいチャット」をクリックします。

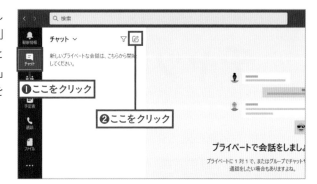

**❶ここをクリック**

**❷ここをクリック**

---

💡 **HINT** **相手はオフラインでもOK**

Teamsのチャットは、相手がオフラインでも送信できます。スマホのメッセージアプリやLINEなどと同じです。

---

## 2 相手を指定する

メンバーの入力欄に相手を入力し、表示される候補から選択します。個人の名前やメールアドレスのほか、タグ（P96）も利用できます。

💡 **HINT** **場所情報なども利用できる**

場所情報などもメッセージと同じように利用できます。P108を参照してください。

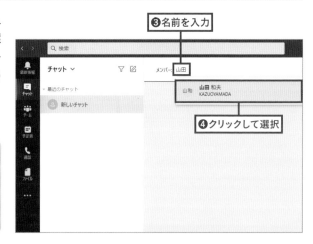

**❸名前を入力**

**❹クリックして選択**

## 3 メッセージを入力する

メッセージの入力欄にメッセージを入力して、「送信」をクリック、または【Enter】キーを押します。

**文字色や絵文字の利用**

文字の書式、絵文字やアニメーションの利用方法はメッセージの場合とほぼ同じです。前の章を参考に活用してみましょう。

❺メッセージを入力

❻ここをクリック、または【Enter】キー

明日のB社との打ち合わせ、何時に出発しますか？

## 4 メッセージが送信できた

メッセージが送信でき、上部に表示されました。

**チャット内で改行するには**

チャットの入力時に【Enter】キーを押すと送信されます。改行するには【Shift】キーと【Enter】キーを同時に押します。

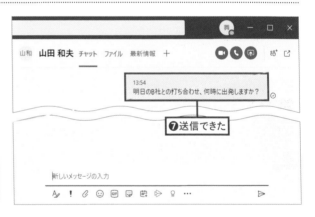

13:54
明日のB社との打ち合わせ、何時に出発しますか？

❼送信できた

新しいメッセージの入力

**2回目以降は選ぶだけでOK**

一度チャットをした相手とのやり取りは、自動的に保存されているので、「チャット」画面の左側の一覧から選択するだけで利用できます。過去のやり取りも確認できます。

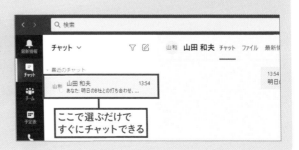

ここで選ぶだけですぐにチャットできる

## 既読がわかるアイコンがある

メッセージと共通の機能も多いチャットですが、相手がメッセージを読むと、既読のマークが表示されるのはチャット特有です。

ただし、既読マークが表示されるには、読み手がチャットウィンドウをクリックする必要があります。通知やフィード内でメッセージを見た場合は表示されません。また、相手が既読確認機能をオフ(初期設定ではオン)にしている場合も表示されません。確実に既読の有無を知りたい場合は、「読んだらリアクションをしてほしい」ことを伝えた方が安心です。

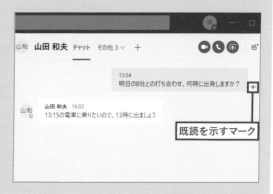

既読を示すマーク

## 「いいね!」や削除・編集をするには

チャネルのメッセージ(2章)で紹介した「いいね!」や削除・編集は、チャットにおいても利用できます。対象のテキストにカーソルを合わせると表示される「…」をクリックして使用しましょう。使い方自体は2章を参照してください。

❶発言にポインタを合わせる
❷「いいね!」などを利用できる
❸ここをクリック
❹削除や編集を選択できる

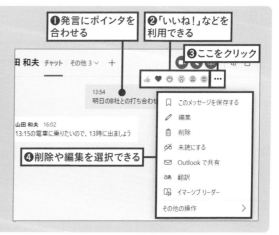

## チャットからビデオ通話を開始できる

チャットの画面から、音声通話やビデオ通話を開始できます。「チャットでやり取りしていたが、話した方が早い」といったときにはすぐに通話に切り替えが可能です。通話についての詳細は6章で紹介しています。

❶クリックしてビデオ通話を開始できる
❷クリックして音声通話を開始できる

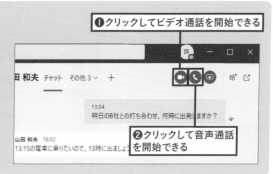

# スマホでチャットをする

チャットは出先でも頻繁に利用する機能です。チャット機能はPC版とほぼ同じです。各機能のボタンが、スマホではどこにあるかを確認しておきましょう。

## 1 チャット相手の選択

新たな相手とは「新しいチャット」アイコンから「宛先」を入力します。チャットをしたことのある相手は、タップだけで選択できます。

❷新たな相手とのチャットはここをタップ

❸一度チャットした相手はここで選択

❶ここをタップ

## 2 メッセージの送信

メッセージを入力し、送信用ボタンを押します。既読マークもPCと同様に表示されます。

❹メッセージを入力

❺タップして送信　既読のマーク

## 3 写真や位置情報の送信もできる

メッセージ入力欄横の「+」をタップすると、メッセージと同じ要領で位置情報などの送信もできます（P108参照）。

❻ここをタップ

❼スマホ内の写真を添付できる

❽位置情報を添付できる

## 4 「いいね!」を利用する

チャット内のメッセージを長押しすると、「いいね!」などを利用できます。

❾メッセージを長押し

❿タップして利用できる

# 02 複数人でチャットする

## 複数の相手を指定してチャットする

1対1のチャットと同じ方法で複数の人を指定してチャットができます。利用頻度が低く、グループを作るまでもないメンバーのときはこの方法が便利です。P116の手順2の要領で名前やタグ（P96）を入力し、複数の相手を指定しましょう。やり取りの方法は1対1のチャットの場合と同じです。

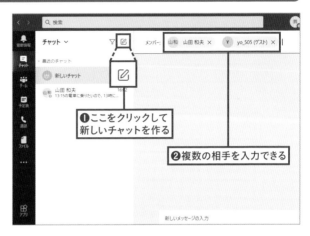

❶ここをクリックして新しいチャットを作る

❷複数の相手を入力できる

---

### HINT スマホの場合

スマホでは、次ページで紹介するグループの作成はできません（作成済のグループの利用はできます）。スマホから複数のチャットを始めたいときは、このページの方法で複数の相手を指定しましょう。

---

### HINT チャットの参加者を確認する

大人数でのチャットの場合、誰が参加しているかを確認してから発言したいものです。
画面右上の「参加者の表示と追加」をクリックすると参加者を表示できます。これはグループチャットの場合も同じです。

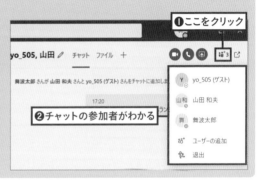

❶ここをクリック

❷チャットの参加者がわかる

# グループチャットを作成する

## 1 グループ用の入力欄を開く

頻繁に利用するメンバーでの
チャットは、グループを作成
すると使い勝手がアップしま
す。チャットリストの上にある
「新しいチャット」をクリックし、
「メンバー」フィールド右端の
アイコンをクリックします。

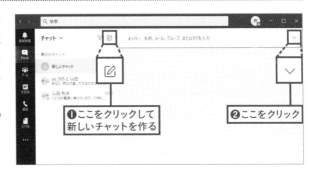

❶ここをクリックして
新しいチャットを作る

❷ここをクリック

## 2 グループ名を入力する

作成したいグループの名前を
入力します。グループ名は
「チャット」の一覧に表示され
るので、分かりやすいものがお
すすめです。

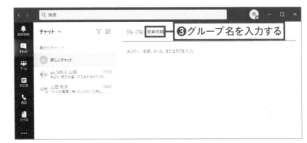

❸グループ名を入力する

## 3 メンバーを入力する

「メンバー」欄にグループに追
加するメンバーを入力します。
メッセージを送信するとグ
ループでチャットが開始され
ます。チャットの一覧にグルー
プ名が表示され、次回の利用
時に探しやすくなりました。

❹メンバーを追加する

❺チャットの一覧で
グループ名が表示される

 **HINT 複数人チャットでの既読マーク**

既読マークが付くのは自分が
送ったメッセージのみです。他の
人の発したメッセージの既読は
わかりません。

# 03 チャットにメンバーを追加・削除する

**Point**
- すでに会話を始めているチャットでもメンバーを追加できる
- 1対1のチャットにメンバーを追加すると新たなチャットになる

## 複数人・グループチャットにメンバーを追加する

### 1 「ユーザーの追加」を選択する

対象のチャットを開き、「参加者の表示と追加」をクリックし、「ユーザーの追加」を選択します。

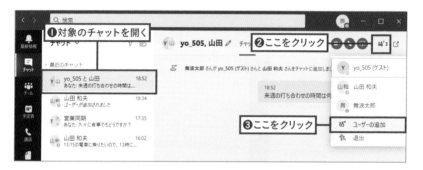

**HINT グループの場合も同じ**

図は複数人でのチャットを例にしていますが、グループチャットへのメンバーの追加も同様に行えます。

### 2 追加するメンバーを入力する

追加用の画面が表示されるので、追加したい人を入力します。

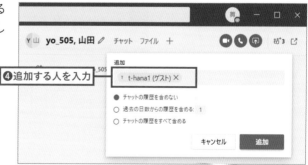

## 3 履歴の公開を設定する

追加するメンバーに、それまでのチャットのやり取りをどこまで公開するかを選択できます。条件をクリックし、「追加」をクリックします。

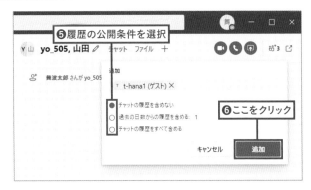

❺履歴の公開条件を選択
❻ここをクリック

## 4 メンバーが追加できた

メンバーを追加できました。チャット内にも図のように表示され、追加した人以外の参加者にもわかるようになっています。

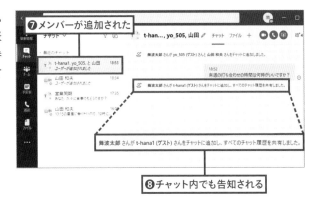

❼メンバーが追加された
❽チャット内でも告知される

### メンバーを削除するには

チャットから参加者を削除するには、「参加者の表示と追加」から対象のメンバーにカーソルを合わせ、表示される「×」をクリックします。

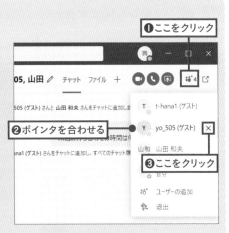

❶ここをクリック
❷ポインタを合わせる
❸ここをクリック

# 1対1のチャットにメンバーを追加する

## 1 「ユーザーの追加」をクリックする

1対1のチャットにメンバーを
追加した場合、元となった1対
1のチャットは残ったまま、メン
バー追加後のチャットが新た
に作成される点がポイントで
す。対象のチャットで「ユー
ザーの追加」をクリックしま
す。

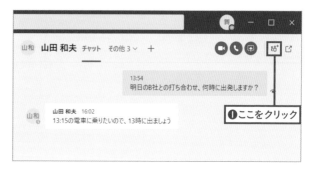

❶ここをクリック

## 2 追加メンバーを入力する

メンバー追加用の画面が開く
ので、追加したい人を入力し
て「追加」をクリックします。

❷追加する人を入力

❸ここをクリック

## 3 新しいチャットができた

追加したメンバーを含む、新
たなチャットができました。

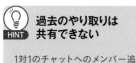

**HINT** 過去のやり取りは
共有できない

1対1のチャットへのメンバー追
加は、新たなチャットが作成され
るため、追加したメンバーへの
チャットの履歴共有はできませ
ん。

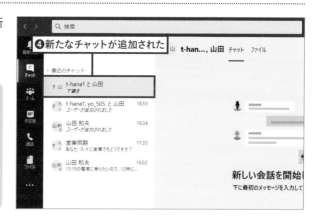

❹新たなチャットが追加された

# スマホでチャットに人を追加・削除する

チャットへの人の追加・削除はスマホからも行えます。図は複数人のチャットへの追加の場合です。1対1のチャットへの追加との違いは、PC版の場合を参考にしてください。

## 1 チャットのメンバーを表示する

対象のチャットを開き、画面上部の参加者をタップします。

## 2 「ユーザーを追加」をクリック

表示される画面で「ユーザーを追加」をクリックをタップします。

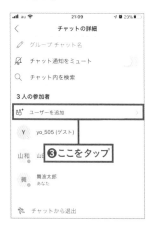

## 3 追加する人と条件を指定する

追加する人を入力し、「チャットの履歴を共有」をタップして条件を選択したら、「完了」をタップするとチャットが作成されます。

## 4 チャットからメンバーを削除する

手順2の画面で削除したい人をタップして、「チャットから削除」をタップすると削除できます。

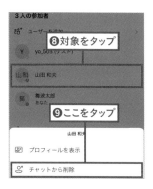

125

# 04 | チャットウィンドウを独立させる

**Point**
- ●チャットの画面はTeamsの画面から独立させることができる
- ●「チーム」や「ファイル」画面を見ながらチャットできる

## 1 ポップアップ用アイコンをクリックする

チャットを別のウィンドウにするには、チャット画面の右上にある「チャットをポップアップ表示する」をクリックします。

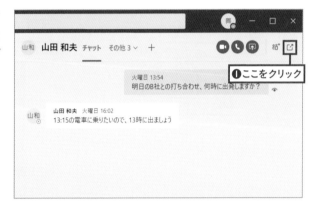

❶ここをクリック

## 2 ポップアップが表示された

チャットが独立したウィンドウになりました。Teamsのメインウィンドウで別の画面を表示しつつ、チャットを利用できます。

❷別画面で表示された

❸チャット以外を表示できる

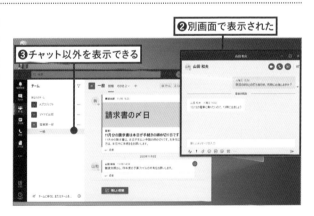

**HINT** メイン画面を最小化してもOK

独立したチャットウィンドウは表示したまま、Teamsのメインウィンドウを最小化することもできます。チャットをしながらTeams以外のアプリを使いたいときにも重宝します。

# 05 チャットでファイルをやり取りする

**Point**
- チャットでファイルを送信できる
- 送信したファイルはファイルライブラリにアップロードされる

## 1 ファイルの所在を選択する

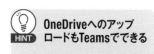

チャットでファイルを送るには、ファイル添付用のアイコンをクリックして、ファイルの所在を選択します。

**HINT OneDriveへのアップロードもTeamsでできる**

OneDrive内のファイルをチャットに添付することもできます。OneDriveへのファイルの保存方法は、P167で紹介しています。

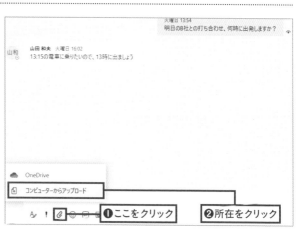

① ここをクリック
② 所在をクリック

## 2 ファイルを選択する

ファイルの選択画面が開くので、ファイルを選択して「開く」をクリックします。

**HINT ファイルについての詳細は5章を参照**

共同編集など共有したファイルの活用方法は、5章で紹介しています。

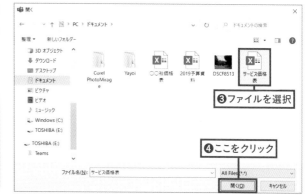

③ ファイルを選択
④ ここをクリック

**HINT チャット内のファイルも共同編集できる**

チャット内のファイルは、そのチャットに参加している人同士で共同編集が可能です。方法や対象のファイルの種類は、チャネル内の場合と同じです（P148）。

## 3 ファイルを送信する

ファイルが添付されました。
必要に応じてメッセージを入
力し、送信ボタンを押します。

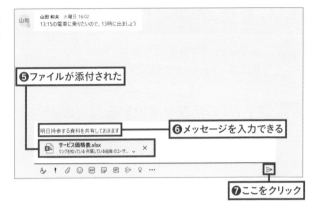

❺ファイルが添付された

❻メッセージを入力できる

❼ここをクリック

## 4 ファイルが送信できた

ファイルが送信できました。
チャット内のファイルはクリッ
クして開けます。Officeファ
イルは共同編集が可能な点
や、「…」をクリックして開き
方を選択できる点などは、
チャネル内のファイルの場合
と同じです。

❽ファイルが送信できた

---

### 💡 リンク用の共有設定が表示されている
HINT

手順3の時点でファイル名の下に表示されて
いるのは、ファイルを共有するリンクの設定で、
クリックして変更可能です。詳しくはP161で
紹介しています。

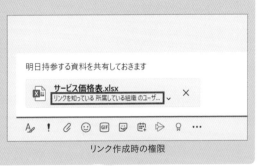

リンク作成時の権限

# スマホでチャットにファイルを添付する

チャットでのファイルのやり取りは、スマホからも行えます。スマホの場合、スマホのカメラで撮った写真をすばやく添付することもできます。

## 1 「＋」をクリックする

スマホ内のファイルを添付するには、「＋」をタップします。

## 2 「添付」をクリック

「添付」をクリックします。ここで「メディア」をクリックしてもスマホ内の写真を添付できます。

## 3 ファイルを選択する

ファイルをタップすると添付できます。画面下部の「ブラウズ」をタップして、スマホ内のフォルダからファイルを選ぶこともできます。

## 4 チャット内のファイルを見る

「ファイル」タブをクリックすると、チャット内のファイルをスマホでもまとめて確認できます。

# 06 よく使うチャットを固定する

Point
●ピン留めしたチャットは一覧の上部に固定できる
●ピン留め内のチャットはドラッグで順番を変更できる

## 1 「ピン留め」を選択する

チャットの一覧で対象の
チャットにカーソルを合わせ、
「…」をクリックして、「ピン留
め」を選択します。

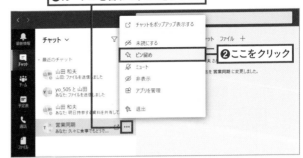

❶カーソルを合わせ、ここをクリック

❷ここをクリック

---

💡 **HINT 会議のチャットもピン留めできる**

Teamsでは、会議ごとに専用のチャットが追加され（P198）、この会議のチャットも同じようにピン留めできます。
会議のチャットからは、議事録代わりのメモや録画データ、会議中に使用したホワイトボードなどにアクセスできる
ので、こまめに内容を確認したい会議にもピン留め機能は有効です。

---

## 2 チャットがピン留めされた

対象のチャットが、一覧上部
の「ピン留め」に移動しました。
チャットの件数が増えてもす
ぐに探せます。

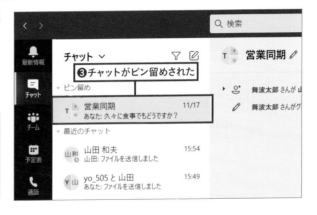

❸チャットがピン留めされた

💡 **HINT ピン留めを
解除するには**

ピン留め中のチャットの「…」をク
リックし、「ピン留めを解除」を選
択すると解除できます。

130

# 07 後で読みたいチャットを保存する

**Point**
- ●メッセージの見つけやすさアップ、返信忘れ防止に便利
- ●保存したチャットは「保存済み」でまとめて表示できる

## 1 チャットを保存する

チャット内のメッセージにカーソルを合わせ、「…」をクリックして「このメッセージを保存する」を選択します。

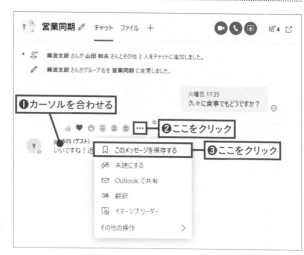

**❶カーソルを合わせる**
**❷ここをクリック**
**❸ここをクリック**

**HINT 使い方はメッセージと同じ**

保存機能はメッセージと共通です。P103では、保存の取り消し方なども説明しているので、こちらも確認してください。

## 2 保存したチャットを見る

「保存済み」画面を開きます。保存したチャットを選択すると、内容が表示され、保存操作をした発言が数秒間強調されます。

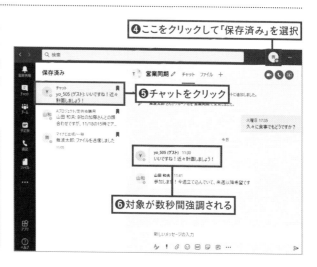

**❹ここをクリックして「保存済み」を選択**
**❺チャットをクリック**
**❻対象が数秒間強調される**

**HINT スマホでチャットを保存する**

スマホでチャットを保存するには、対象の発言を長押しし、表示される「保存」を選択します。保存したチャットの表示方法は、P104で紹介しています。

# 08 在席情報（プレゼンス）を活用する

**Point**
- 互いの状態が把握できれば、Teamsでの作業効率がアップする
- 在席情報（プレゼンス）は手動で設定することができる

## プレゼンスを確認する

「プレゼンス」は、在席状況を表す機能です。Teamsのチャットは、必ずしもすぐに返信する必要はなく、後から返事をすることもできますが、応対が難しい状態でチャットで呼び掛けられるのを嫌う人もいることは意識しておきましょう。プレゼンスはプロフィールアイコンに表示されています。プレゼンスのマークにポインタを合わせると、状況を表示することもできます。

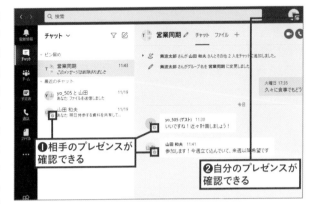

❶相手のプレゼンスが確認できる

❷自分のプレゼンスが確認できる

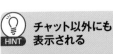

**チャット以外にも表示される**

本誌では、活用頻度の高いチャットの章で紹介していますが、チャネルなど他の画面でも同様にプレゼンスを活用できます。

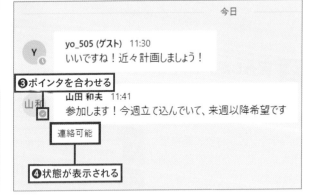

今日

yo_505（ゲスト）　11:30
いいですね！近々計画しましょう！

❸ポインタを合わせる

山田 和夫　11:41
参加します！今週立て込んでいて、来週以降希望です

連絡可能

❹状態が表示される

**基本は自動で設定される**

プレゼンスの状態は、Teamsの利用状況に応じて自動で変化するよう初期設定されています。特に不都合がなければ、そのまま利用して問題ありません。「在席していてTeamsも使っているが、手が離せないので対応を避けたい」場合など、手動で変更したいときは次ページの要領で変更できます。

# プレゼンスの状態を手動で変更する

プレゼンスの状態を変更するには、プロフィールアイコンから利用したい状態を選択します。自動設定に戻すには「状態のリセット」を選択します。

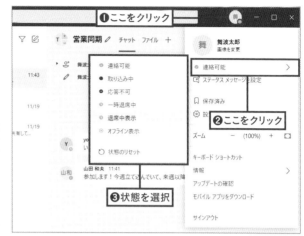

**「取り込み中」と「応答不可」の違い**

どちらもすぐに対応できない状態ですが、「取り込み中」のときは、Teamsからの通知が表示されます。一方「応答不可」のときは、通知は表示されません。

### 自動で表示される状態は種類が多い

自動設定で表示されるプレゼンスの状態と、手動で設定可能な状態には違いがあります。たとえば手動で選択可能な「取り込み中」の赤いアイコンは、自動設定の場合「取り込み中」「通話中」「会議中」の3つの状態で表示されるなど、自動設定で用いられる状態の方が種類が多くなっています。
とはいえ、どちらの場合でも、連絡が可能な状態は緑色、何かしらの予定があり対応できない状態は赤色、予定はないが離席している状態は黄色のアイコンが表示されるので、アイコンを見るだけで相手のおおまかな状態を把握できるのは同じです。より詳細に知りたい場合は、ポインタを合わせてみましょう。

### スマホでプレゼンスの状態を手動設定する

スマホからプレゼンスの状態を手動設定するには、画面右上のアイコンから操作します。

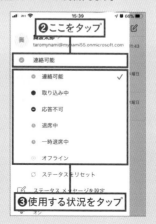

# 09 自身の詳しい状態をステータスメッセージで知らせる

**Point**
- ●プレゼンス機能より具体的に状態を知らせることができる
- ●自分にメッセージを送ろうとしている人に表示できる

## 1 ステータスメッセージの設定画面を開く

ステータスメッセージを設定するには、プロフィールアイコンから、「ステータスメッセージを設定」を選択します。

**HINT スマホの場合**

P133（プレゼンスの設定）の要領でメニューを表示し、「ステータスメッセージを設定」をタップして設定できます。

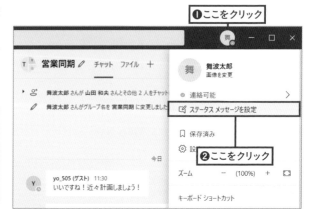

❶ここをクリック

❷ここをクリック

## 2 ステータスメッセージを設定する

ステータスメッセージを入力し、自分に連絡しようとしている人への表示を選択します。設定したステータスメッセージが表示される有効期間を選択して、「完了」をクリックします。

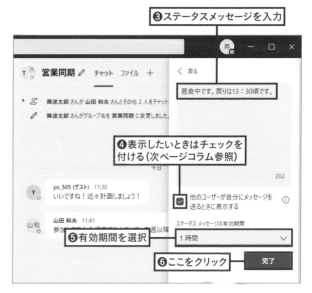

❸ステータスメッセージを入力

❹表示したいときはチェックを付ける（次ページコラム参照）

❺有効期間を選択

❻ここをクリック

## 3 ステータスメッセージが設定できた

ステータスメッセージが設定
できました。編集や削除も可
能です。

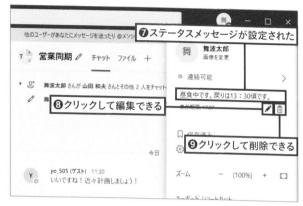

**⑦ステータスメッセージが設定された**

**⑧クリックして編集できる**

**⑨クリックして削除できる**

---

💡 **HINT**

### 他のユーザーへの表示を選択すると

前ページの手順2で「他のユーザーが自
分にメッセージを送るときに表示する」
を選択すると、誰かが自分にチャットや
メンション付きのメッセージを送ろうとし
た際に、図のようにステータスメッセージ
が表示されます。

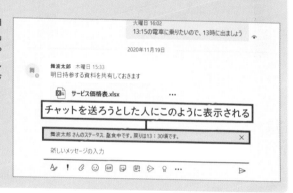

**チャットを送ろうとした人にこのように表示される**

---

💡 **HINT**

### 他のユーザーのステータスメッセージを確認する

ステータスメッセージは、各ユーザーの
プロフィール画面で確認できます。プロ
フィールアイコンにポインタを合わせて
表示しましょう。

**❶ポインタを合わせる**

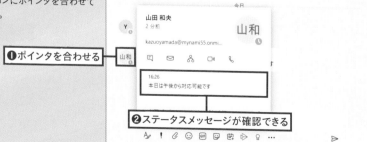

**❷ステータスメッセージが確認できる**

# 不要になったチャットは非表示にできる

Teamsでは、一度やり取りをしたチャット自体を削除することはできません。長期間やり取りがないチャットが邪魔になったときは、非表示にしましょう。非表示にしたチャットに再び発言があった場合、自動的に非表示が解除され、一覧に再表示されます。また、手動で再表示することも可能です。なお、ピン留めしているチャットは非表示にはできません。

## 1 「非表示」を選択する

対象のチャットの「…」をクリックし、「非表示」を選択します。

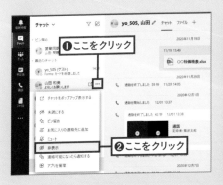

## 3 チャットを検索する

相手などをキーワードに検索し、再表示したいチャットを選ぶと一時的に表示できます。

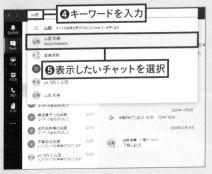

## 2 チャットが非表示になった

不要なチャットが非表示になり、一覧から消えました。

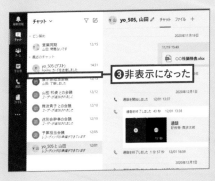

## 4 再表示する

一時的に表示したチャットの「…」から「再表示」を選ぶと、常に表示できます。

# Chapter5

# ファイルを共有する

Teamsは、チームやチャネルでのファイルの共有・一元管理にも役立つアプリです。「ファイル」タブにアップロードしたファイルはもちろん、メッセージやチャットに添付したファイルも手間をかけずに一元管理でき、チームの誰もが最新の情報を常に見ることができます。ファイルを見ながらメッセージをやり取りする、ファイルの共同編集をするなど、便利な機能もたくさん用意されています。

# 01 チャネルのファイルをまとめて確認する

**Point**
- ●チャネルごとに専用のファイルライブラリがある
- ●添付ファイルも含めて、ファイルをまとめて管理できる

## 1 「ファイル」をクリックする

チャネル内のファイルを確認するには、チャネルの「ファイル」タブをクリックします。

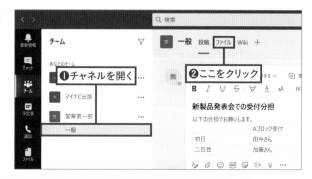

❶チャネルを開く
❷ここをクリック

### HINT 添付ファイルも集約されている

チャネル内のメッセージの添付ファイルもここに含まれます。過去のメッセージから添付ファイルを探したいときも、メッセージを一つ一つ確認する手間が省けます。

## 2 ファイルライブラリが開いた

チャネルにアップされたファイルが一覧表示されます。「名前」「更新日時」「更新者」を基準に並び順を変えることもできます。フォルダがあるときはクリックで開けます。

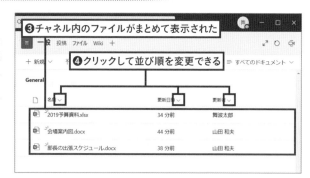

❸チャネル内のファイルがまとめて表示された
❹クリックして並び順を変更できる

| 名前 | 更新日 | 更新者 |
| --- | --- | --- |
| 2019予算資料.xlsx | 34 分前 | 舞波太郎 |
| 会場案内図.docx | 44 分前 | 山田 和夫 |
| 部長の出張スケジュール.docx | 38 分前 | 山田 和夫 |

### HINT スマホの場合

チャネル画面の上部にある「ファイル」をタップするとファイル・ライブラリが開きます。

# 02 ファイルライブラリ内のファイルを開く

**Point**
- クリックだけでファイルを開いて見ることができる
- Officeのファイルは編集可能な状態で開く（P148参照）

## 1 ファイルをクリックする

ファイルライブラリ内のファイルを開くには、ファイル名部分をクリックします。

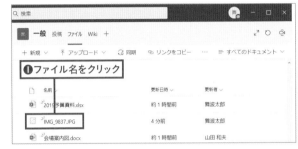

❶ファイル名をクリック

### 共有していることを忘れずに

チャネルのファイルライブラリ内のファイルは、チャネルの参加者全員で共有しているファイルです。Excelなど
Officeアプリのファイルは、編集可能な状態で開くので、誤って編集してしまうことのないよう気を付けましょう。

## 2 ファイルが開いた

Teamsの画面上でファイルが開かれます。「閉じる」をクリックしてファイルを閉じると元に戻ります。

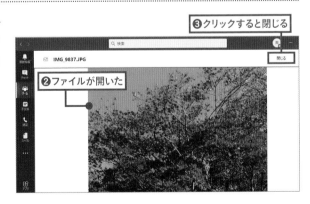

❸クリックすると閉じる

❷ファイルが開いた

### 添付ファイルはどちらでも開ける

メッセージの添付ファイルは、メッセージ上、ファイルライブラリのどちらからでも開けます。

## 別のタブやアプリでファイルを開く

ExcelなどのOfficeファイルの場合、ファイルにポインタを合わせると表示される「…」から「これをタブで開く」を選択すると、別タブでファイルを表示して固定できます（詳細はP157参照）。また「…」から「開く」を選択できるファイルは、「開く」>アプリの種類を選んで、アプリで開くこともできます。

別タブやアプリで開けないファイルの場合、こうした選択肢は表示されません。

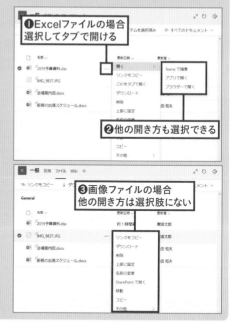

❶Excelファイルの場合
選択してタブで開ける

❷他の開き方も選択できる

❸画像ファイルの場合
他の開き方は選択肢にない

---

# スマホでファイルライブラリ内のファイルを開く

「ファイル」タブ内のファイルをタップすると開けます。Officeなど特定のファイルは「…」をタップし、「アプリで開く」をタップして、アプリで開くこともできます。

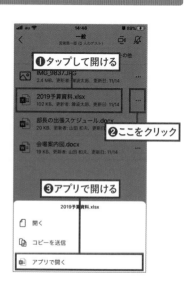

❶タップして開ける

❷ここをクリック

❸アプリで開ける

# 03 チャネルからファイルをダウンロードする

Point
- ●「ダウンロード」をクリックするだけでダウンロードできる
- ●複数のファイルをまとめてダウンロードもできる

## 1 ダウンロードする

ファイルライブラリで対象の
ファイルにポインタを合わせ、
表示される「…」をクリックし
て、「ダウンロード」を選択す
るとダウンロードできます。

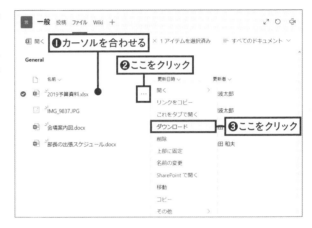

## 2 ファイルが保存された

ダウンロードしたファイルは、
「ダウンロード」フォルダに保
存されています。

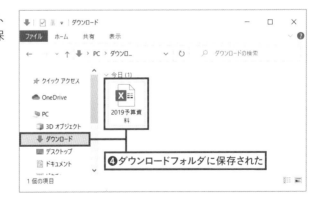

### ファイルの保存場所

Windowsでは、ダウンロードしたファイルは「ダウンロード」フォルダに保存されるよう初期設定されています。この保存場所を変更している場合、変更後のフォルダに保存されます。

**HINT 複数のファイルをまとめてダウンロードするには**

ファイルにポインタを合わせると表示
されるボタンにチェックを付け、「ダウ
ンロード」をクリックするとまとめてダウ
ンロードできます。こうしてダウンロー
ドしたファイルは、一つのファイルに圧
縮されてダウンロードされるので、解凍
して利用しましょう。

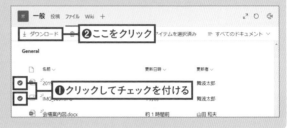

 **HINT ダウンロードフォルダからでもOK**

画面左側の「ファイル」をクリックし、「ダウンロード」をクリックすると、チャネルを問わずダウンロードしたファイル
が一覧で確認できます。どのファイルをダウンロードしたか確認したいときなどに便利です。また「ダウンロードフォ
ルダーを開く」をクリックしてフォルダを開くこともできます。
なおこの一覧は、Teamsからサインアウトするとリセットされます。

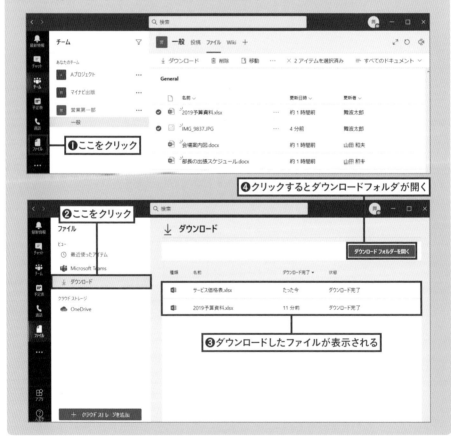

# 04　チャネルにファイルをアップロードする

**Point**
- ●ファイルライブラリに直接ファイルをアップロードできる
- ●アップロードしたファイルはチャネルの全員に共有される

## 1　アップロード対象を選択する

対象のチャネルのファイルラ
イブラリを開き、「アップロー
ド」をクリックして、アップロー
ドする対象(図では「ファイ
ル」)を選択します。

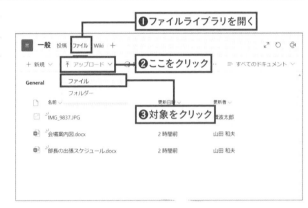

❶ファイルライブラリを開く

❷ここをクリック

❸対象をクリック

### HINT　フォルダーごとアップロードできる

図で「フォルダー」を選ぶと、フォルダーごとアップロードもできます。多数のファイルを一気にアップロードしたいときに便利です。

## 2　ファイルを選択する

ファイルの選択画面でファイ
ルをクリックして選び、「開く」
ボタンをクリックします。

### HINT　全員がアクセスできる点に注意

チャネルにアップロードしたファイルには、チャネルのメンバー全員がアクセスできます。他人とのファイル共有であることに注意して利用しましょう。

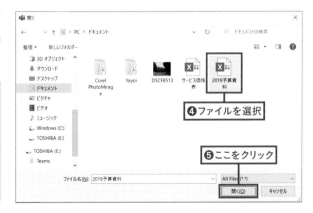

❹ファイルを選択

❺ここをクリック

## 3 ファイルライブラリに追加された

チャネルへのアップロードが行われ、ファイルライブラリの一覧に表示されました。

**HINT** ドラッグ&ドロップでもOK

ファイルライブラリのファイル一覧が表示されている部分に、ファイルをドラッグ&ドロップしてもアップロードできます。

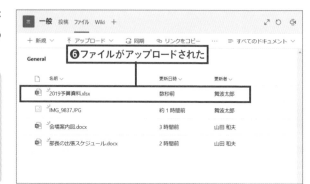

**❻ファイルがアップロードされた**

---

**HINT 直接アップロードするメリット**

ファイルの直接アップロードには、保存するフォルダを選択できる、フォルダごとアップロードできるという2つのメリットがあります。たとえば毎月繰り返し利用する各種申請書を共有する場合、フォルダにまとめ、上部に固定(P156)することで、毎月ファイルを探す手間を減らせます。
添付ファイルとしてアップロードして、後でフォルダに移動することもできますが、最初からフォルダにアップロードした方が手間がかからず便利です。アップロードしたファイルは、簡単にメッセージに添付できます。

**フォルダを固定すると使いやすさがアップする**

**アップロード済のファイルもメッセージに添付できる**

# スマホで添付ファイルを開く

スマホからもチャネルにファイルをアップロードできます。ただしPCと違い、フォルダごとのアップロードはできません。対象のチャネルを選択して操作しましょう。

## 1 ファイルライブラリを開く

対象のチャネルを開き、「ファイル」タブをタップします。

## 2 「追加」をタップする

ファイルライブラリが開いたら、画面下部の「追加」をタップします。

## 3 対象を選択する

「ファイル」または「画像とビデオ」からアップロードする対象を選んでタップします。

## 4 ファイルを選択する

表示される画面でファイルをタップするとアップロードされます。

145

# 05 ファイルを見ながらメッセージをやり取りする

**Point**
- ●添付ファイル付きメッセージとしてチャネルに投稿される
- ●ファイルの種類によりボタンの名称に違いがある

## 1 会話用ウィンドウを表示する

ファイルを開いた状態で、チャネルのメッセージをやり取りするには、画面の上部にある「スレッド」（ファイルの種類によっては「会話を開始」）をクリックします。

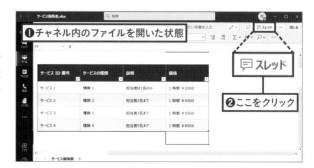

❶チャネル内のファイルを開いた状態

💬 スレッド

❷ここをクリック

## 2 メッセージを入力する

右側にウィンドウが表示され、ファイルの内容を見ながらメッセージを送信できます。

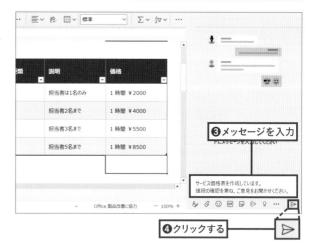

❸メッセージを入力

❹クリックする

---

### 💡 HINT 添付ファイルを開いた場合

図の手順1は、ファイルライブラリからファイルを開いた状態です。チャネルの「投稿」タブでメッセージの添付ファイルを開き、手順1の要領でスレッドを表示した場合、元のメッセージのあったスレッドが表示されて、そのスレッドに返信できます。

## 3　メッセージが送信できた

メッセージが送信されると、図のように表示されます。メッセージへの返信もこの画面で確認でき、ファイルの内容を見ながら会話が可能です。

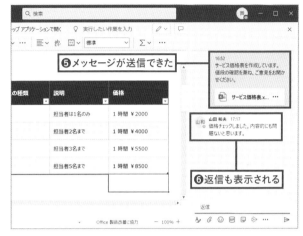

❺メッセージが送信できた

❻返信も表示される

---

### 添付ファイルの送信方法としても便利
**HINT**

紹介した方法で送信したメッセージは、「投稿」タブにも添付ファイル付きメッセージとして表示されます。投稿を見た人が、話題に挙げているファイルをすぐに参照できます。このように、ファイルライブラリにアップ済みのファイルをメッセージに添付する方法としても利用できます。

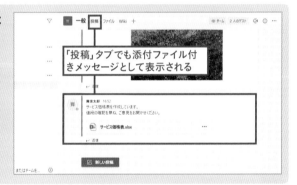

「投稿」タブでも添付ファイル付きメッセージとして表示される

---

### 一度閉じても再度利用できる
**HINT**

「スレッド」は一度閉じても、後からまた開いてメッセージのやり取りを見ることができます。「投稿」タブに移動して、添付ファイル付きのメッセージを探す手間をかけず、ファイルに関するやり取りを簡単に確認できます。

---

### ファイルの種類によっては「会話」になる
**HINT**

たとえば画像ファイルなど、Office以外のファイルの場合、手順1の状態では「スレッド」ではなく、「会話を開始」というボタンが表示されています。これをクリックすると、同じようにファイルを見ながらメッセージを送信できます。会話のウィンドウを一度閉じるとアイコンが変化し、小さな吹き出しのアイコンになります。吹き出しをクリックするとスレッドと同じように会話のウィンドウを再度表示でき、やり取りを確認できます。

# 06 | チャネル内のファイルを共同編集する

**Point**
- 編集できるのはExcel、Word、PowerPointのファイル
- 変更は自動的に保存されるので保存操作は不要

## 1 TeamsのOfficeで編集する

Excel、Word、PowerPointのOfficeファイルは、P139の要領で開くだけでTeams上で編集できます。Teams上のOfficeは一部機能が制限されていますが、ボタンのデザインなどはデスクトップ版と統一されています。

また他のメンバーが編集していると、そのことを表すアイコンが表示され、それぞれの作業による変更内容がシームレスに統合されます。ファイルの保存も自動で行われます。

**❶メニューやボタンを使いTeams上で共同編集ができる**

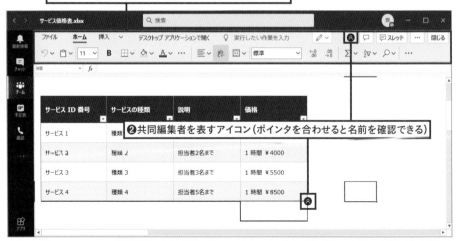

**❷共同編集者を表すアイコン（ポインタを合わせると名前を確認できる）**

### 💡 HINT むやみな編集には注意を

チャネル内のファイルは、みんなで共有して使うファイルです。自分が行った変更は、他の人がファイルを使うときにも反映されていることは忘れずに扱いましょう。

### 💡 HINT スマホの場合

スマホからも共同編集ができます。P140の要領で編集したいファイルの「　」をタップし、「アプリで開く」をタップすると編集できます。

# 07 使用中のファイルへの編集を防止する

**Point**
- 同じファイルを同時に編集するのを防ぐ機能を使う
- 自分の作業が終わったら誰でも編集可能な状態に戻す

## 1 「チェックアウト」を選択する

チャネル内のファイルは、他の人と同時に編集できますが、作業内容によっては同時編集が適さない場合もあります。自分の作業中に他の人が編集できないようにするには、ファイルにポインタを合わせて「…」をクリックし、「その他」>「チェックアウト」を選びます。

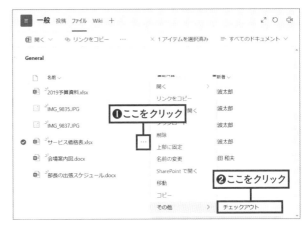

## 2 チェックアウトできた

チェックアウトされたことを示すアイコンが表示されました。この状態のファイルは、チェックアウトした人だけが編集できます。

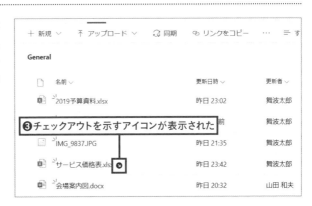

**HINT 閲覧は誰でもできる**

チェックアウトした人以外がファイルを開くと、「閲覧モード」で開きます。編集はできませんが内容を確認することは可能です。

## 3 作業後にチェックインする

作業が終了したら、再び誰でも編集可能な状態に戻すため、「…」をクリックして、「その他」>「チェックイン」を選択します。

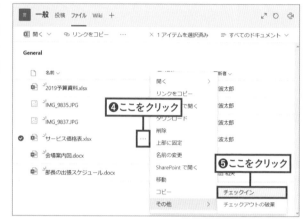

## 4 コメントを入力する

チェックアウトの間に行った作業などをコメントに入力して、「チェックイン」をクリックします。これで共同編集可能な状態に戻りました。

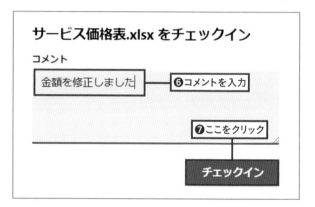

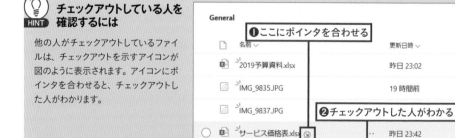

HINT チェックアウトしている人を確認するには

他の人がチェックアウトしているファイルは、チェックアウトを示すアイコンが図のように表示されます。アイコンにポインタを合わせると、チェックアウトした人がわかります。

# 08 Officeのファイルを閲覧モードで開く

**Point**
- ●「閲覧」モード中はファイルの編集が不可能になる
- ●共有ファイルを誤って編集してしまうのを防ぐのに役立つ

## 1 「閲覧」を選択する

Teamsで開いたOfficeファイルは、編集が可能な状態です。編集が不要なときは閲覧モードにすると、誤って文字を消してしまったなどのトラブルを避けられます。対象のファイルを開いたら、モードの選択ボタンをクリックして「閲覧」を選びます。

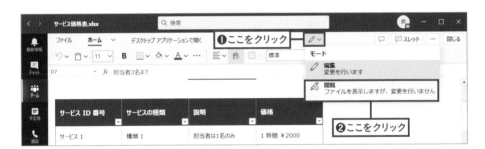

## 2 閲覧モードになった

閲覧モードになり、多くのボタンが使用不可能になりました。文字の削除なども行えません。編集が必要なときは、手順1の要領で「編集」を選べば元に戻ります。

---

**HINT**

### ミス防止のための機能

この機能は、自分が誤って編集するのを防ぐ機能です。他の人が編集するのを防ぐ機能ではありません。

151

**09** チャネル内に新規ファイルを作成する

 Point
- Word、Excel、PowerPoint、OneNoteのファイルを作成できる
- 作成したファイルはチャネル内に自動的に保存される

## 1 ファイルの種類を選択する

チャネルの「ファイル」タブをクリックしてファイルライブラリを開きます。「新規」をクリックし、作成したいファイルの種類を選択します。

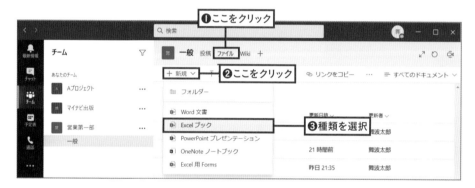

## 2 ファイルに名前を付ける

ファイル名を入力し、「作成」をクリックします。編集可能な状態で作成したファイルが開くので、編集を行いましょう。

---

💡 HINT **ファイル作成時の注意点**

ファイルライブラリ内のファイルは自動的に共有されるため、作成途中の状態でもファイルにアクセスする人がいる可能性は考慮して作業しましょう。また、ファイルライブラリ内にファイルを作成しても、そのことは特に通知されないので、作成したファイルを利用してほしいときは、メッセージでそのことを伝えましょう。

# 10 ファイルをフォルダーに整理する

**Point**
- ●ファイルライブラリにはフォルダーを作成できる
- ●フォルダーへのアップロード、あとからの移動どちらも可能

## フォルダーを作成する

### 1 新規作成で「フォルダー」を選択する

フォルダーを追加したいチャネルのファイルライブラリを開きます。「新規」をクリックして、「フォルダー」を選択します。

**HINT フォルダーにファイルをアップロードするには**

フォルダーにファイルをアップロードするには、フォルダーをクリックして開いた状態でP143の要領で操作します。

### 2 フォルダー名を入力する

表示される画面でフォルダー名を入力して、「作成」をクリックするとフォルダーが作成されます。

**HINT フォルダーの名前を変更する**

フォルダーにポインタを合わせ、表示される「…」をクリックして「名前の変更」を選択して変更できます。

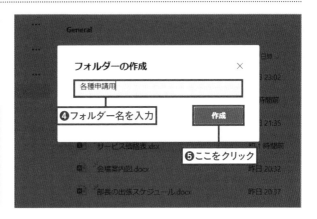

### 1 「移動」を選択する

ファイルライブラリ内のファイルを移動するには、ファイルにポインタを合わせると表示される「…」をクリックして、「移動」を選択します。

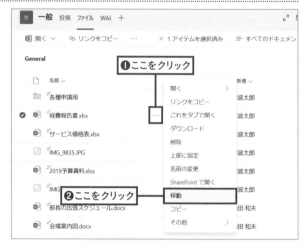

### 2 移動先を選択する

移動先を選択します。ここでは前ページで作成したフォルダーを選択します。

> 💡 **フォルダー以外にも**
> **HINT 移動できる**
>
> 図の画面で他のチームやチャネル、OneDriveを選択し、移動することも可能です。

### 3 移動を実行する

移動先を開いたら、「移動」をクリックするとファイルが移動します。フォルダーを開いてみると、ファイルを確認してみましょう。

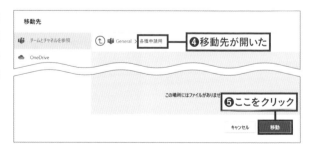

ファイルをグループ化して表示する

## 1 グループ化を選択する

チャネルのファイルライブラリを開き、「更新日時」をクリックし、「更新日時でグループ化」をクリックします。

 **更新者で
HINT グループ化する**

「更新者」をクリックし、「更新者でグループ化」を選択すると、更新者ごとにグループ化できます。

## 2 グループ化された

ファイルが更新日時でグループ化されました。グループは、クリックで展開・折り畳みを切り替えできます。ファイルの数が増えても、必要な範囲のファイルを素早く確認できます。

❹ここをクリックして展開・折り畳みを切り替え
❺必要な部分のみ展開できる

 **グループ化を解除するには**

グループ化は一時的に表示を切り替えるもので、別のタブなどを表示すると解除されます。また、グループ化中に再度「更新日時でグループ化」を選択しても解除できます。

# 12 よく使うファイルを固定する

Point
- 上部に固定はファイル・フォルダーのどちらもできる
- タブを使うと、ファイルを開いた状態で固定できる

## 上部に固定する

### 1 「上部に固定」を選択する

対象のファイルにポインタを合わせ、表示される「…」をクリックして、「上部に固定」を選択します。

**フォルダーも固定できる**
HINT

図ではファイルを固定していますが、同じ操作でフォルダーを固定することもできます。

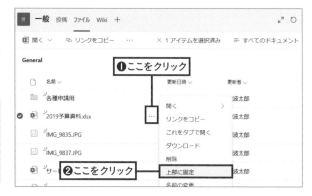

### 2 ファイルが固定された

ファイルが上部に固定されました。チャネル内のファイルが増えても、目当てのファイルがすぐに見つかります。

固定を解除するには、手順1の要領で「…」をクリックし、「固定の編集」>「固定の解除」を選択します。

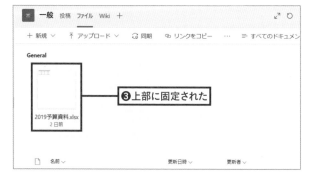

**チャネルの全員が同じ設定になるので注意**
HINT

上部への固定、タブでの固定ともに、操作をした人だけでなく、同じチャネルを使う人全員に反映される点に注意が必要です。個人的によく使うファイルではなく、多くの参加者にとって利用頻度の高いファイル、そのとき優先して作業すべきファイルなどを固定するのがよいでしょう。

## タブで固定する

### 1 開き方を選択する

ファイルをタブで開くとその状態を維持できます。タブで開くには、添付ファイルの「…」をクリックし、「これをタブで開く」を選択します。

💡 **HINT 開けないファイルもある**

別のタブで開けるのは、Officeアプリのファイルです。「これをタブで開く」が表示されないファイルでは使えません。

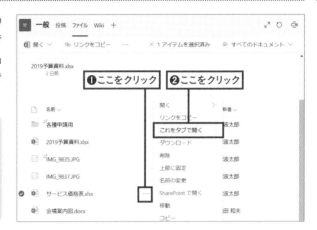

❶ここをクリック　❷ここをクリック

### 2 タブが追加できた

ファイル名のタブが追加され、添付ファイルが開きました。追加したタブは、削除するまで維持され、クリックしていつでもファイルを表示できます。

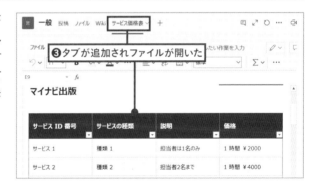

❸タブが追加されファイルが開いた

### 3 追加したタブを削除する

タブが不要になったら、タブ名の横にあるアイコンから「削除」を選択して削除できます。なお、この方法で削除するのはタブだけです。ファイルは削除されません。

❹ここをクリック

❺ここをクリック

# 13 チャネルからファイルを削除する

**Point**
- 削除したファイルはチャネルの参加者全員が使えなくなるので注意
- 削除したファイルはいったんSharePointのごみ箱に入る

## 1 「削除」を選択する

不要になったファイルをチャ
ネルから削除するには、対象
のファイルにポインタを合わ
せ、表示される「…」をクリック
して、「削除」を選択します。
同じ操作でフォルダも削除で
きます。

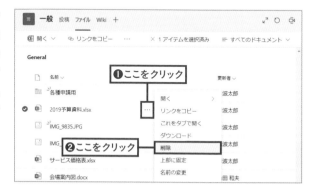

## 2 削除を確定する

削除してよいか確認する画面
が表示されます。「削除する」
をクリックするとファイルが削
除されます。

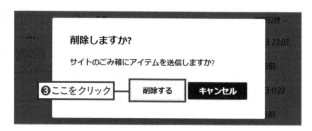

### HINT 他の人への影響も考慮しよう

ファイルライブラリはチャネル全員の共有スペースです。不要なファイルを置き続ける、他の人には必要なファイ
ルを勝手に削除してしまうといったことのないよう気を付けましょう。

### HINT 誤って削除したときは

チャネルにアップロードしたファイルは、SharePointに保存されていて、Teamsで削除操作をするとSharePoint
のごみ箱に移動します。ごみ箱を空にする前であれば、SharePointを開いて（P159）取り出すこともできます。

# 14 削除したファイルをSharePointで復元する

- ●チャネルのファイルはSharePointに保存されている
- ●Teamsで削除したファイルはSharePointから復旧できる

## 1 SharePointを開く

チャネル内のファイルを
SharePointで表示するには、
ファイルタブで「…」をクリック
クして、「SharePointで開く」
をクリックします。

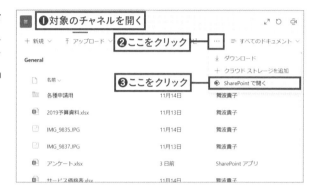

## 2 メニュー用アイコンをクリック

ブラウザが起動して、
SharePointが表示されます。
ごみ箱を表示するには、メ
ニュー用のアイコンをクリック
します。

### HINT SharePointから削除したファイルは復元できない

チャネルのファイルライブラリから削除したファイルは、SharePointのごみ箱に移動していて、ここにある間は復元できます。SharePointのごみ箱から削除されている場合は、復元できませんので注意しましょう。

## 3 「ごみ箱」をクリック

表示されたメニューで「ごみ
箱」を選択します。

## 4 対象を選択して復元

ごみ箱内のファイルが表示さ
れるので、対象のファイルの
行頭にチェックを付け、「復元」
をクリックします。

## 5 ファイルが復元した

復元したファイルがファイル
ライブラリに戻り、Teams内
にも表示されました。ファイ
ルの復元がすぐに反映されな
いときは、ファイルライブラリ
を再読み込みして最新の状
態にすると表示されます。

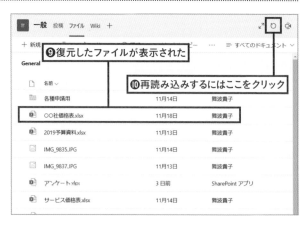

# 15 ファイルをダウンロードできるURLを取得する

**Point**
- ●チーム外の人へのファイルの受け渡しにも利用できる
- ●ファイルの公開範囲を設定してリンクを作成できる

## 1 「リンクをコピー」を選択する

ファイルをダウンロードできる
URLを取得するには、対象の
ファイルにポインタを合わせ、
表示される「…」をクリックし
て、「リンクをコピー」を選択
します。

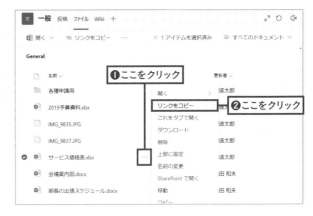

## 2 リンクの設定を開く

リンクが作成されます。アク
セス権を設定するため、リン
クの設定画面を開きます。

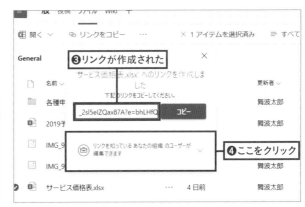

### HINT アクセス権の設定が表示されないときは

Teamsの設定によっては、アクセ
ス権の設定が制限されている場
合があります。Teamsの管理者
に問い合わせてみましょう。

### HINT アクセス権の変更が不要なときは

図の時点で表示されているアクセス権の設定で変更が不要な場合は、そのままリンクをコピーして使用できます。

## 3 アクセス権を設定する

作成するリンクのアクセス権
を選択します。リンクからファ
イルを開いた人への共同編集
の許可を設定し、「適用」をク
リックします。

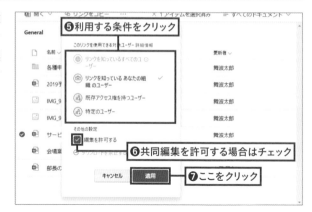

❺利用する条件をクリック

❻共同編集を許可する場合はチェック

❼ここをクリック

### HINT 各アクセス権について

| リンクを知っている すべてのユーザー | リンクを知っていれば誰でもファイルにアクセス可能になります。取り扱いに注意が必要なため、初期設定ではこの選択肢は利用できない場合があります。この設定に変更する場合は、Teamsの管理者に相談しましょう。 |
| --- | --- |
| リンクを知っている あなたの組織のユーザー | 社内や学内など、同じ組織の人が利用可能なリンクになります。別の部署で同じチームに属していない人にファイルを共有する場合などに使います。 |
| 既存アクセス権を 持つユーザー | ファイルの保存されているチームやチャネルに属している人が利用できるリンクになります。チームのファイルライブラリからファイルを探してもらう手間を省くため、リンクを送るなどの利用方法があります。 |
| 特定のユーザー | 名前やメールアドレスで指定した相手のみがファイルにアクセスできるリンクになります。組織内外のユーザーとのファイルの共有に利用できます。詳しくは次ページのHINTで紹介します。 |

## 4 リンクをコピーして知らせる

「コピー」をクリックしてリンク
をコピーします。メールなどに
貼り付けて、ファイルをダウン
ロードしてほしい人に知らせま
しょう。

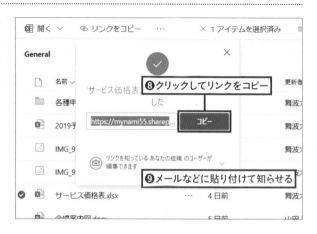

❽クリックしてリンクをコピー

❾メールなどに貼り付けて知らせる

## HINT ダウンロードを禁止できる

リンクの設定では、ファイルのダウン
ロードを禁止することもできます。「編
集を許可する」のチェックを外すと、ダ
ウンロードの禁止をオンにすることがで
きます。

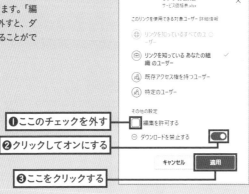

❶ここのチェックを外す

❷クリックしてオンにする

❸ここをクリックする

## HINT 特定のユーザーを指定したリンクの作成

手順3で「特定のユーザー」を選択すると、アクセス権を与える相手の入力欄が表示されます。
Teamsの利用名、組織外の相手であればメールアドレスを入力して相手を指定します。なお、Microsoftアカウン
トに連動していないメールアドレスなど、利用できないメールアドレスの場合、「入力したメールアドレスが無効であ
る」ことを知らせるメッセージが表示され、リンクを設定できません。

なお、組織外の相手など、Teamsへのサインインなどで認証できない相手が「特定のユーザー」向けのリンクを使
用すると、図の検証コードの要求画面が表示されます。「コードを送信」をクリックすると、コードの入力画面に切り
替わり、「特定のユーザー」として指定したメールアドレス宛てに送られてくるコードを入力するとファイルにアクセ
スできる仕組みです。

❶「特定のユーザー」を選択

❸この画面が表示された場合は
ここをクリック

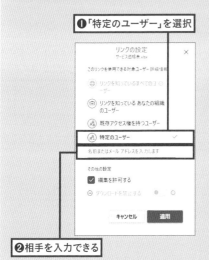

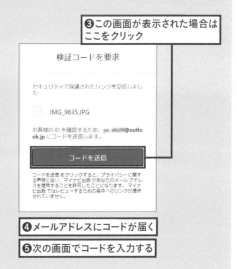

❷相手を入力できる

❹メールアドレスにコードが届く

❺次の画面でコードを入力する

Chapter5 ファイルを共有する

# 16 チャット内のファイルをまとめて確認する

**Point**
- ●チャット単位のファイルライブラリでファイルを確認できる
- ●やり取りが増えても過去の添付ファイルを探しやすい

## 1 ファイルライブラリを表示する

チャットの画面で対象の
チャットをクリックし、「その他」
タブ>「ファイル」をクリックし
ます。

> 💡 **HINT**
> **表示されるタブ数は**
> **ウィンドウの大きさ次第**
>
> 表示されるタブの数は、ウィンド
> ウの大きさにより変化します。
> 「ファイル」タブが表示されている
> ときは、そのままクリックすれば
> OKです。

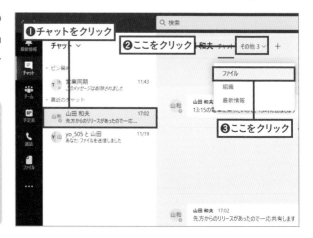

## 2 ファイルライブラリが開いた

「ファイル」タブが選択され、
対象のチャット内でやり取り
したファイルが一覧表示され
ます。ファイル名をクリックす
ると、ファイルを開けます。

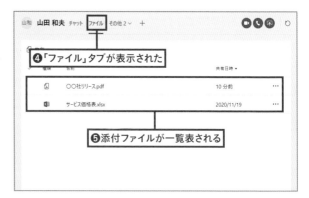

> 💡 **HINT** **スマホの場合**
>
> スマホのチャット画面で、画面上部の「ファイル」をタップすると同じようにファイルを確認できます。

## 並べ替えやダウンロードもできる

ファイルライブラリでは、「種類」「名前」「共有日時」「送信者」で並べ替えができ、会話画面で探すより効率的に目当てのファイルを見つけることができます。また「…」から、ファイルに対するさまざまな機能を選択・実行できます。

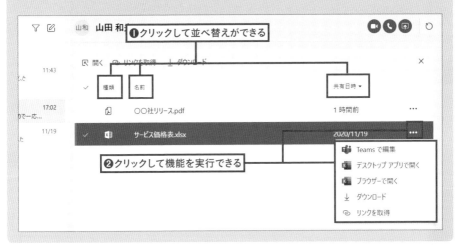

## チャットに添付したすべてのファイルの確認と削除

ここまでで紹介した方法では、チャット単位で共有したファイルをまとめて確認できました。一方、やり取りの相手を問わず、Teamsのチャット機能で自分が送信したすべてのファイルをまとめて確認することもできます。画面左側の「ファイル」をクリックし、「OneDrive」をクリックしましょう。「Microsoft Teamsチャットファイル」フォルダを開くと、チャットでやり取りしたファイルを確認できます。「OneDrive」は、Microsoftが提供するストレージサービスで、Teamsではチャットでやり取りしたファイルは自動的にこの「OneDrive」に保存されています。

また、不要になった添付ファイルの削除もこの画面から可能です。削除したいファイルにポインタを合わせ、表示される「…」をクリックして「削除」を選びましょう。

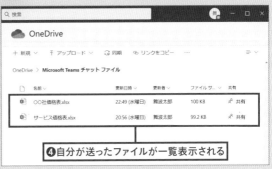

**17** 最近使ったファイルを表示する

Point
●Excelファイルなど、最近使ったMicrosoft 365のドキュメントを表示できる
●チーム内で作成・編集したファイルをまとめて表示もできる

## 1 「最近使ったアイテム」を表示する

画面左側の「ファイル」をクリックし、「最近使ったアイテム」をクリックすると、チャネル・チャットなどを問わず、最近表示または編集したMicrosoft 365のドキュメントが表示されます。

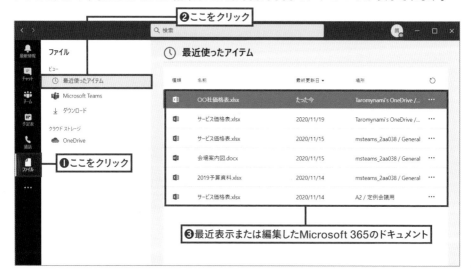

❷ここをクリック

| 種類 | 名前 | 最終更新日 ▼ | 場所 | |
|---|---|---|---|---|
| | ○○社価格表.xlsx | たった今 | Taromynami's OneDrive /... | ... |
| | サービス価格表.xlsx | 2020/11/19 | Taromynami's OneDrive /... | ... |
| | サービス価格表.xlsx | 2020/11/15 | msteams_2aa038 / General | ... |
| | 会場案内図.docx | 2020/11/15 | msteams_2aa038 / General | ... |
| | 2019予算資料.xlsx | 2020/11/14 | msteams_2aa038 / General | ... |
| | サービス価格表.xlsx | 2020/11/14 | A2 / 定例会議用 | ... |

❶ここをクリック

❸最近表示または編集したMicrosoft 365のドキュメント

---

💡 HINT **「Microsoft Teams」と「ダウンロード」**

上図の画面で「Microsoft Teams」をクリックすると、チームリストに表示されるチャネルで、最近作成または編集したすべてのドキュメントが表示されます。チャネルやチームを問わず、ファイルをまとめて確認したいときに便利です。
一方「ダウンロード」をクリックすると、Teamsからダウンロードしたすべてのファイルの一覧を表示できます。なお、この一覧は、Teamsからログアウトするたびに消去されます。

---

💡 HINT **スマホで最近使ったファイルを表示する**

スマホから「最近使ったアイテム」を表示するには、画面下部にある「その他」をタップし、表示される「ファイル」をタップします。なおスマホで表示できるのは、最近使ったアイテムだけで「Microsoft Teams」と「ダウンロード」は表示できません。

# 18 TeamsでOneDriveを利用する

**Point**
- ●TeamsのアプリでOneDriveを利用できる
- ●PCのフォルダとOneDriveを同期させることもできる

## 1 OneDriveにファイルをアップロードする

「ファイル」をクリックします。
「OneDrive」をクリックして開
くと、「アップロード」からチャ
ネルの場合と同じ要領でアッ
プロードできます。また「新規」
から新たなファイルの作成も
できます。
OneDrive内のファイルは、
チャットやチャネルのメッセー
ジに簡単に添付できます。

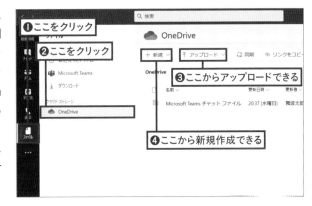

## 2 OneDrive内のファイルを活用する

OneDrive内のファイルは、ポ
インタを合わせると表示され
る「…」から、さまざまな操作
ができます。機能の使い方は、
チャネル内のファイルとほぼ
同じなので参考にしてくださ
い。

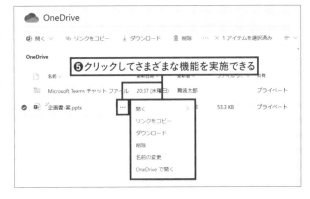

### 💡 HINT OneDriveは個人のスペース

「ファイル」の「OneDrive」は、Teamsの画面上で個人的なファイルを管理できる機能になります。チャネルにアップロードしたファイルは参加者全員で共有されますが、OneDriveにアップロードしたファイルは、自分が共有操作をするまで他の人はアクセスできません。

# スマホのTeamsでOneDriveを利用する

スマホでは、以下の要領で「OneDrive」を表示できます。

## 1 「ファイル」画面を開く

画面下部の「その他」>「ファイル」の順にタップします。

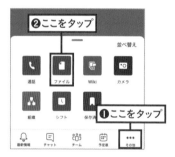

## 2 「OneDrive」を開く

クラウドストレージの「OneDrive」をタップして利用できます。

## 3 OneDriveが開いた

OneDrive内のファイルが表示されます。アップロードは、画面下部の「追加」から行えます。

# 19 Teamsに他のクラウドストレージを使用する

**Point**
- ●個人で利用しているストレージを追加し、より便利に利用できる
- ●追加したストレージ内のファイルは、共有するまでプライベートになる

## 1 「クラウドストレージを追加」をクリック

「ファイル」をクリックし、「ク
ラウドストレージを追加」をク
リックします。

**❶ここをクリック**

**❷ここをクリック**

### 💡 追加が許可されていな
**HINT** い場合も

Teamsの設定によっては、スト
レージが追加できない場合があ
ります。利用できない場合は、
Teamsの管理者に問い合わせて
みましょう。

## 2 ストレージを選んで手続きする

表示される画面で追加したい
クラウドストレージを選択しま
す。その後、各ストレージの
サインイン画面が表示される
ので、画面の指示に従って操
作して連携させます。
なお、表示されるストレージ
種類は、利用しているアカウ
ントの種類や時期によって変
化する場合があります。

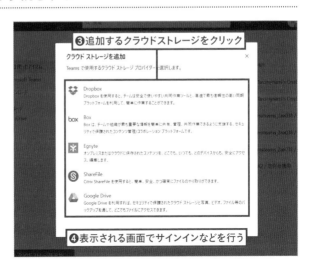

**❸追加するクラウドストレージをクリック**

**❹表示される画面でサインインなどを行う**

# 別のチームやチャネルにファイルをコピーするには

チャネルのファイルライブラリ内のファイルは、自分が参加している別のチームやチャネルの
ファイルライブラリにコピーできます。図1の要領で「名前の変更」を選択すると、ファイルライ
ブラリ内のファイルの名前を変更できるので、コピーしたファイルの用途によっては、ファイル
名を変更して「どのチャネルで利用しているファイルか」がわかるようにするとよいでしょう。

### 1 「コピー」を選択する

対象のファイルの「…」をクリックし、「コピー」を選択
します。

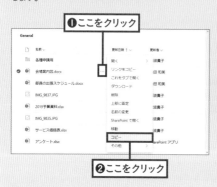

### 2 表示チャネルを変更する

コピー先のチャネルを選択するため、矢印をクリック
して、上位の階層(チャネル選択時であればチーム)
を表示します。

### 3 チームを選択する

矢印を何度かクリックして、すべての所属チームが表
示された状態です。コピー先のチーム、チャネルをク
リックします。

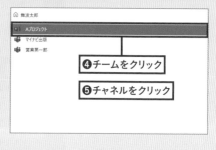

### 4 「コピー」をクリックする

コピー先のチャネルが選択できたら、「コピー」をクリッ
クするとファイルがコピーされます。

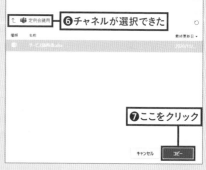

# Chapter6

# 通話（ビデオ・音声）を利用する

Teamsには「ビデオ通話」と「ビデオ会議」という2つの機能があります。両者は似た機能ですが、それぞれに特徴があるため用途によって使い分けるのがよいでしょう。

この章では主に「通話（ビデオ・音声）の使い方」を見ていきます。ビデオとマイクのテスト方法もこの章で扱っているので、「ビデオ会議」の前にもしっかりチェックしておきましょう。

# 01 ビデオ通話とビデオ会議の違い

**Point**
- ●Teamsではビデオ通話とビデオ会議の2種類を利用できる
- ●会議用のフル機能を利用するにはビデオ会議が必要

Teamsには、ビデオ通話とビデオ会議の2つの機能があります。どちらもビデオを使って他者と会話ができ、共通する操作も多くあります。状況に応じて便利な方を利用できます。

## ビデオ通話の特徴

- チャットの相手と動画または音声でやり取りするための機能
- 組織内の人と、1対1または複数でのビデオ通話ができる（※組織の設定によっては組織外への通話が可能な場合もある）
- 発信した際に相手の応答がないと通話は開始できない
- 参加可能人数は最大で20人
- チャット画面からワンクリックでビデオ通話を開始できる
- 通話時の記録が相手とのチャット内にまとめられる（時系列が追いやすい）

### 適した用途
チャットでのやり取りを通話で行うイメージで気軽に利用できる機能です。議論を記録・補助するための機能は少ないので、簡単な意見交換や確認といった短時間の打ち合わせなど、会議を立ち上げるまでもない場合に重宝します。

## ビデオ会議の特徴

- メンバーを指定し、会議を開くための機能
- 組織外の人も参加可能なオンラインビデオ会議を開催できる
- 参加可能人数は最大で300人
- 会議名を付け、会議を立ち上げることで利用できる
- 日時を予約した会議のほか、すぐに会議を開くことも可能
- 開催者1人で先に会議を立ち上げることもできる
- 「ビデオ会議」用の機能がフルで利用できる
- 会議単位のチャットに情報がまとめられる（多量の情報をまとめやすい機能が使える）

### 適した用途
会議メモ、参加者の発言を管理する機能など、ビデオ通話より多くの機能が利用できるうえ、開催者1人で先に「会議メモ」などの準備を整え、後から参加者を招待することも可能です。会議の進行や議論をしやすくする機能がフルで使えるので、大人数の打ち合わせ、発言を管理したい発表などに加え、少人数であっても議論の内容が多い場合はビデオ会議の方が便利です。Microsoftアカウントを持たない人を含めた打ち合わせもビデオ会議機能なら簡単です。

# 02 ビデオとマイクをテストする

Point
●マイクとカメラの動作を確認できるテスト通話機能がある
●カメラやマイクは「設定」の「デバイス」で管理できる

## 1 「設定」画面を開く

テスト通話機能を使い、カメラやマイクが正しく利用できるかを確認するには、プロフィールアイコンから「設定」を選択します。

## 2 テスト通話を開始する

「デバイス」をクリックします。利用するデバイスが選択されていることを確認し、「テスト通話を開始」をクリックします。

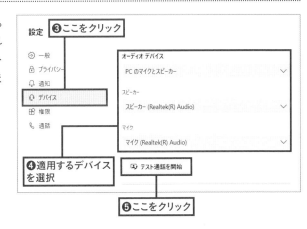

### 重要な用途の前に試運転がおすすめ

テスト通話では、使っているカメラやマイクが動作しているかを確認できる一方、相手が画面に映るわけではないなど、実際の通話とは異なる部分もあります。重要な用件で使用する前に、一度誰かと通話をしておくと安心です。

## 3 ビデオの動作を確認する

テスト通話機能が応答すると、画面右下に自身が映り、カメラが動作していることがわかります。テスト通話では、相手の画像は表示されません。なお、カメラとマイクを誤ってオフにすると動作しません。注意しましょう。

❻テスト通話が始まる

カメラとマイクはオン（斜線のない状態）にしておく

❼自分が表示される

## 4 マイクの動作を確認する

テスト通話機能からのアナウンスに従い、マイクテストのために何かしら話します。少し待ち、録音された自身の声が正しく再生されれば問題ありません。テスト通話を終了すると、「テスト通話の結果」が表示されます。

❽アナウンスに従い声を出す
❾再生を確認

TE

❿ここをクリックして終了

Teams Echo

---

### 💡 HINT　マイク・ビデオの動作に問題があった場合のチェックポイント

マイクやビデオの動作に問題があった場合は、以下の点を確認してみましょう。解決できないときは、デバイスを管理する部署の担当者や、メーカーのサポートに問い合わせましょう。

- ☑ 手順2の画面で選択されている機器を確認。違う機器が選択されている場合は修正します

- ☑ 他のアプリでカメラを使っていると、Teamsで使用できない場合があります。他のアプリを終了しましょう

- ☑ 外付けのカメラやマイクであれば正しく接続できているか、カメラのカバーが閉じていないかなど、物理的な問題がないか確認しましょう

- ☑ 音声が聞こえないときは、パソコン自体の音声ボリュームに問題がないかも確認しておきましょう

# 03 ビデオ（音声）通話を発信・受信する

Point
- チャットの画面から簡単にビデオ通話を開始できる
- チャットがない相手と通話をすると、その人とのチャットが作られる

## 通話を発信する

### 1 相手とのチャットを開く

ビデオ通話は、チャットから開始できます。通話したい相手とのチャットを開きます。

**HINT 音声通話の前にチャットで確認を**

すぐにレスポンスが必要な通話は、状況によっては対応できないこともあります。まずはチャットで通話できる状態かを確認し、通話を始めるのがおすすめです。

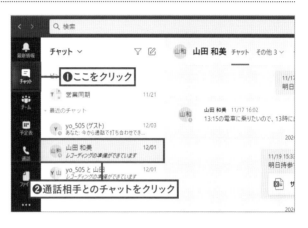

❶ここをクリック

❷通話相手とのチャットをクリック

**HINT チャットのない相手に通話する場合**

チャットがない、すぐに見つからない場合は、プロフィールカードからも発信できます。チャネルなどにあるプロフィールアイコンにカーソルを合わせると表示できます。また、画面上部の「検索」ウィンドウに「/call 名前」と入力しても発信できます。なお、こうした方法でチャットがない相手と通話を行うと、その人とのチャットが自動的に作成されます。

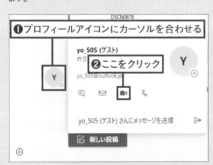

❶プロフィールアイコンにカーソルを合わせる
❷ここをクリック

❶「/call」と入力
❷名前の一部を入力
❸候補を選択

## 2 「ビデオ通話」をクリックする

ビデオ通話のボタンをクリックします。ここで音声通話のボタンをクリックすると、音声のみの通話もできます。
背景が気になるときは、P196の要領で背景のぼかしや変更も可能です。

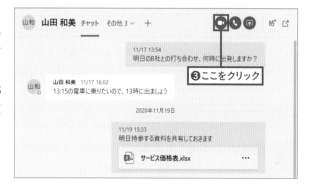

❸ここをクリック

## 3 発信が始まる

通話用のウィンドウが開き、相手の呼び出しが始まります。

❹通話用のウィンドウが開く
❺呼び出しが開始される

## 4 通話が開始される

相手が承諾すると、通話が開始されます。通話を終えるには「退出」をクリックします。

❻相手が出ると通話が始まる
❼相手がビデオを許可するとビデオ通話ができる
❽クリックして通話を終了できる

## 着信を受けるには

通話の着信があると、Teams画面上と通知にそのことが表示されます。ビデオ通話のボタンをクリックすると、ビデオ通話を開始できます。音声通話のボタンをクリックすると、音声だけの通話を開始できます。通話を拒否する場合は、赤い受話器のボタンをクリックします。なお、着信を知らせる通知は、Teamsを起動していないときも表示され、Teamsの起動の有無に関わらず通話に応じることができます。

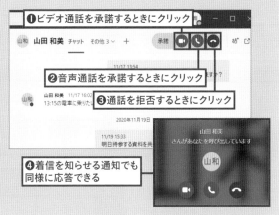

❶ビデオ通話を承諾するときにクリック

❷音声通話を承諾するときにクリック

❸通話を拒否するときにクリック

❹着信を知らせる通知でも同様に応答できる

# スマホでビデオ通話を利用するには

スマホでもPCと同様に、チャット画面にあるアイコンを使ってビデオ通話を発信できます。通話を受けた際は、「応答」をタップすると通話を開始できます。開始時はビデオがオフの音声通話の状態なので、ビデオを利用したいときは、通話開始後の画面でビデオのアイコンをタップしてオンにしましょう。

## 1 ビデオ通話を発信する

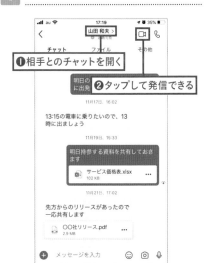

❶相手とのチャットを開く

❷タップして発信できる

## 2 ビデオ通話を受ける

❸タップして通話を受ける

# 04 複数でビデオ通話をする

**Point**
- 複数人が参加するチャット画面から通話を発信できる
- 1対1のビデオ通話より使える機能が少し多い

## 1 通話を発信する

複数の人が参加しているチャット、またはグループを選択します。「ビデオ通話」をクリックすると、チャット内の全員に通話が発信されます。

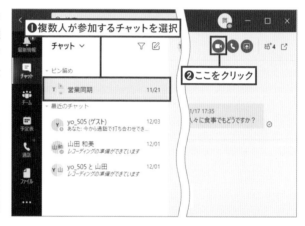

❶複数人が参加するチャットを選択

❷ここをクリック

**HINT スマホでも発信できる**

複数人でのビデオ通話も、1対1の場合(P177)と同じ要領で発信できます。

## 2 応答した人と通話が始まる

チャット内の全員が参加しなくても、誰かが応じれば通話が開始されます。参加人数が複数の場合、画面が分割されて映ります。画面に映る人数(初期設定は9人)以上がいる場合、発言などによって入れ替わります。

❸複数の人とビデオ通話ができた

**HINT 一度に参加できるのは20人まで**

参加者が20人を超えるグループでは、通話を開始できません。ビデオ会議は300人まで参加できるので、20人以上の参加者がいる場合はビデオ会議を利用しましょう。

# 05 通話を保留にする

**Point**
- ●保留中にTeamsで別の作業ができる
- ●保留中は相手のビデオや音声は中断される

## 1 通話を保留にする

通話を保留にするには、通話ウィンドウで「…」をクリックし、「保留」を選択します。

**HINT ビデオ通話も同じ**

紙面の見やすさを優先し、図ではオフにしていますが、ビデオ通話時も同様に保留できます。

❶ここをクリック

❷ここをクリック

## 2 通話を再開する

保留中は保留秒数が表示され、通話相手の画面にもこちらが保留にしていることが表示されます。「再開」をクリックすると通話を再開できます。

**HINT スマホで通話を
保留するには**

通話の画面で「…」をタップして、「通話を保留にする」をタップします。通話に戻るには、画面上の「再開」をタップします。

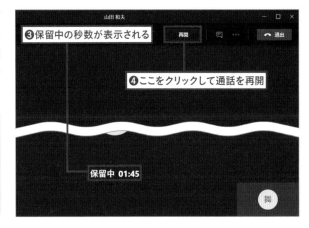

❸保留中の秒数が表示される

❹ここをクリックして通話を再開

保留中 01:45

**HINT 保留中に別の通話もできる**

通話を保留にしている間に、別の着信に応答したり、他の人と通話をすることもできます。他の人との通話を開始すると、保留中の通話とは別の通話ウィンドウが開きます。元の通話ウィンドウに戻り、保留を解除すると通話を再開できます。

## 06 ビデオ通話で使える覚えておきたい機能

**Point**
- ●打ち合わせをサポートするさまざまな機能が使える
- ●1対1の通話と、複数人での通話は使える機能に違いがある

ビデオ通話には、打ち合わせに役立つさまざまな機能が備わっています。ビデオ会議と共通する機能も多いため、共通する機能については本書ではビデオ会議の章で紹介しています。そこでここでは、通話時に利用したい機能で、ビデオ会議の章で紹介している機能とそのページ数をまとめて紹介します。

### ■ 1対1・複数人での通話時に活用したい機能

- 背景効果（→P196）
  ビデオの背景をぼかしたり、別の画像にできる機能
- ビデオ・マイクのオンオフの切り替え（→P194）
  ビデオとマイクの使用を通話中に切り替える方法
- 手を挙げる機能（→P197）
  発言の意思や同意など、意思表示をできる機能
- レコーディング機能（→P201）
  通話でのやり取りを録画・録音できる機能
- 画面・PowerPointの共有（→P205）
  自分のPCの画面、PowerPointのプレゼンファイルを通話相手に共有できる機能

### ■ 複数人での通話時に活用したい機能

- 通話参加者の確認方法（→P195）
  通話に参加している人を確認できる
- ホワイトボード（→P203）
  通話の参加者で利用できるホワイトボード

**通話中のチャット**

通話中も通話相手とのチャットを使用できます。打ち合わせのメモ代わりや、ファイルのやり取りなどに重宝します。メインのウィンドウで通常通りチャットを使用できるほか、通話ウィンドウの上部にある吹き出しのアイコンをクリックして、通話ウィンドウ上にチャット画面を表示することもできます。

# 07 通話履歴を確認する

- ●通話履歴から発信やチャット表示などが行える
- ●通話履歴が残るのは1対1のチャットの場合のみ

## 1 通話履歴を表示する

「通話」をクリックし、「履歴」をクリックすると通話履歴を表示できます。発信・受信どちらの履歴も含まれ、通話が成立した場合は通話時間が表示されます。

なお、複数人やグループでの通話の履歴は表示されません。

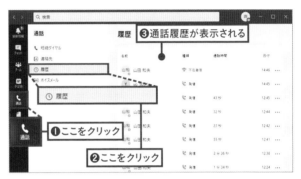

③通話履歴が表示される

①ここをクリック

②ここをクリック

## 2 通話履歴から発信する

折り返し連絡するなど、通話履歴から通話を発信するには、対象の通話の「…」をクリックし、「コールバック」を選択します。

履歴

④ここをクリック

⑤ここをクリック

### HINT 相手とのチャットも表示できる

「…」をクリックして「チャット」を選択すると、通話相手とのチャットを表示でき、その人とのこれまでのやり取りを素早く確認できます。

### HINT スマホで通話履歴を表示するには

スマホの場合、画面下部の「…」をクリックして「通話」をタップします。表示される「通話」画面で、上部の「履歴」タブをタップすると通話履歴を表示できます。履歴の相手に折り返すには、対象の履歴をタップし、表示される「通話」をタップします。

# 08 「連絡先」機能を利用する

Point
● 連絡先には任意の相手を登録できる
● 連絡先の画面から相手の情報を素早く検索できる

## 1 「連絡先」を追加をクリックする

「通話」をクリックし、「連絡先」をクリックすると、連絡先を表示できます。連絡先を追加するには、「連絡先を追加」をクリックします。

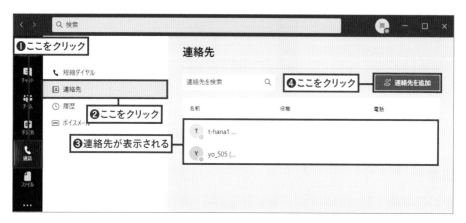

## 2 相手を指定する

登録したい相手の名前を入力します。一部を入力した時点で、候補が表示された場合はクリックします。

---

💡 **連絡先のみを検索できる**
HINT

「連絡先」画面上部の「連絡先を検索」に、名前の一部を入力すると、該当する連絡先が即座に表示されます。「チーム」の画面などの検索欄を使っても人の検索はできますが、その人の属するグループなど、より多くの情報が検索結果に含まれるため、Teams内の情報量が増えるとともに検索結果が多くなることもあります。

## 3 「追加」をクリックする

「追加」をクリックすると連絡
先に追加され、一覧に表示さ
れます。

❼ここをクリック

> 💡 **HINT**
> **短縮ダイヤル機能も
> ある**
>
> 利用頻度の高い連絡先は、「短
> 縮ダイヤル」に登録するとさらに
> 使い勝手がよくなります。短縮
> ダイヤルについては次ページで
> 紹介します。

## 4 連絡先を活用する

「連絡先」の一覧で各アイコン
をクリックすると、「チャット」
「メール」「ビデオ通話」「音声
通話」を素早く利用できます。
また連絡先にポインタを合わ
せると、プロフィールカードを
表示できます。

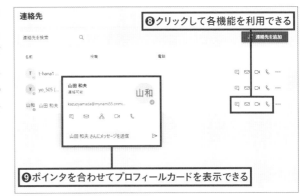

❽クリックして各機能を利用できる

❾ポインタを合わせてプロフィールカードを表示できる

> 💡 **HINT**
> **連絡先を削除するには**
>
> 不要になった連絡先は削除しましょう。
> 一覧で「…」をクリックし、「連絡先から
> 削除する」を選択するだけで簡単に削除
> できます。

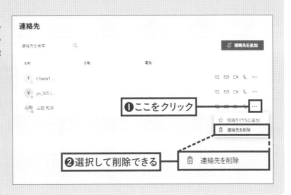

❶ここをクリック

❷選択して削除できる

🗑 連絡先を削除

Point
- ●「短縮ダイヤル」に登録すると専用の画面に連絡先が追加される
- ●「連絡先」画面からも短縮ダイヤルに追加できる

## 1 「短縮ダイヤルを追加」をクリックする

「通話」をクリックし、「短縮ダイヤル」をクリックすると「短縮ダイヤル」の画面が表示されます。短縮ダイヤルに連絡先を追加するには、「短縮ダイヤルを追加」をクリックします。

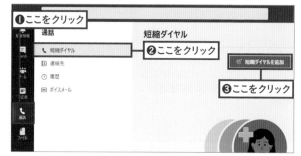

## 2 相手を追加する

追加用の画面で相手の名前を入力して、「追加」をクリックします。

## 3 短縮ダイヤルが追加できた

追加された短縮ダイヤルは図のように表示されます。ビデオ通話、音声通話のアイコンをクリックして通話を発信できます。「…」からは、チャットの表示や短縮ダイヤルからの削除を選択できます。

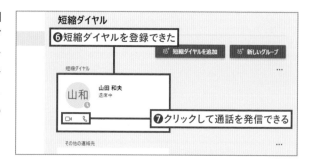

# 10 ボイスメールを確認する

**Point**
- 通話に出られない場合、自動的にボイスメールが応答する
- 「通話」の「ボイスメール」で確認できる

## 1 「ボイスメール」を開く

「通話」画面で「ボイスメール」をクリックすると、届いているボイスメールを表示できます。内容を確認したいボイスメールをクリックします。

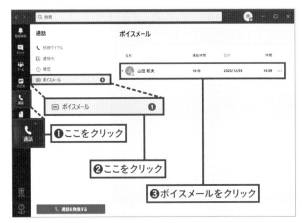

### HINT 最新情報にも追加される

新たなボイスメールが届くと、「最新情報」にも通知が届き、そこでクリックしても再生できます。

## 2 内容を確認する

音声をテキスト化する機能により、ボイスメールの内容が表示されています。音声を再生するには再生用のボタンをクリックします。「…」をクリックすると、「未読にする」「削除」「コールバック」を選択・実行できます。

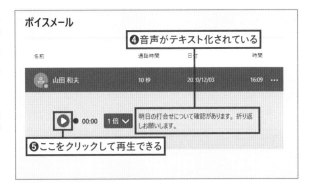

### HINT ボイスメールの設定をする

ボイスメールに関する設定は、プロフィール画像をクリックし、[設定]→[通話]をクリックして、「ボイスメールの構成」をクリックします。表示される画面で、応答メッセージの録音などボイスメールに関する設定を行えます。

# 短縮ダイヤルをグループ分けして整理する

短縮ダイヤルが増えて探しにくくなったら、オリジナルのグループを作成して整理しましょう。わかりやすい名前を付けると使い勝手がよくなります。グループに分類した連絡先を削除したいときは、対象のグループ内でプロフィールカードの「…」をクリックして、「ユーザーをこのグループから削除」を選択すればOKです。

## 1 「新しいグループ」をクリック

「通話」の「短縮ダイヤル」で「新しいグループ」をクリックします。

## 3 チームを選択する

グループが追加されたら、「…」から「このグループに連絡先を追加する」を選択し、次の画面で連絡先を指定します。

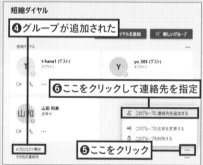

## 2 グループ名を入力

作成するグループ名を入力し、「作成」をクリックします。

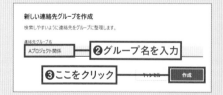

## 4 グループに分類できた

連絡先をグループに追加できました。グループは行頭の▼をクリックして展開・折り畳みができます。

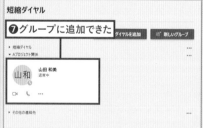

# Chapter7

# ビデオ会議を利用する

テレワークの推進で注目の高まる「ビデオ会議」は、外部の人も招待できる他、発言者を明確にできる「手を挙げる」機能や議事録代わりに使える機能、発言できる人を制限できる機能など、離れた場所にいる人とスムーズな会議を行うのに役立つ機能が満載です。基本的な会議の設定はもちろん、テレビ会議ならではの機能をしっかりマスターしておくと初めてのビデオ会議でも安心して臨むことができます。

# 01 ビデオ会議の基本

**Point**
- ●ビデオ・音声での会議、画面共有や議事録の作成に便利な機能を搭載
- ●組織以外のメンバー、Teamsアカウントの持っていない人も参加可能

Teamsの主な機能の一つ「会議機能」について、便利に使いこなすためのポイントを紹介します。

## ● ビデオは簡単にオン・オフが可能

自宅で室内が映り込むのが困るといった場合はビデオをオフにできます。また、背景をぼかす機能もあります。

## ● マイクも簡単にオン・オフが可能

大勢がマイクをオンにしていると、発言者の声が聞こえにくいことから、発言しないときはオフにするのがマナーです。

## ● スムーズな進行に役立つ機能が豊富

発言者を明確にできる「手を挙げる」機能や、議事録代わりにできる機能、発言できる人を制限できる機能など、離れた場所にいる人同士がスムーズに会議をするための機能が豊富に備わっています。

---

### HINT 事前のルール周知で会議をスムーズに

会議の利用ルールを事前に決めて周知しておくとスムーズです。
たとえば右のルールを用いることで、発言が聞きとりやすくなる、会議の中断を防ぐことで集中できるなどの効果が期待できます。
会議の用途やメンバーに合わせてルールを決めましょう。

**ルールの一例**

- 発言しないときはマイクをオフにする
- 意思確認には「手を挙げる」機能を用いる
- 会議途中で参加・退出するときの挨拶の要・不要
- 担当者を決め、会議のメモや録画機能を使い会議を記録する

---

### HINT ルールの告知にもTeamsが便利

チャネルへの投稿やチャットで、事前に簡単にルールを共有できるのもTeamsの便利な点です。チームやチャネル単位の会議であれば、投稿のピン留めやタブ機能などで「ビデオ会議のルール」を固定しておくと、新入社員が入ったときや、ルールを改定したときの周知も簡単です。

### HINT スマホ・ブラウザからも参加できる

ビデオ会議は、スマホやブラウザを使って参加することもできます。ただしブラウザは、バーチャル背景、背景ぼかしなど、利用できない機能がスマホに比べ多くあり、スマホを利用する方が便利です。PCのブラウザしか使えない状況でも会議に参加できる手段として覚えておきましょう。

## 02 会議の予定に出欠を返信する

### 1 予定表で会議を開く

「予定表」に追加された会議
に出欠を返信するには、「予
定表」を表示して対象の会議
予定をクリックします。

#### HINT 「予定表」が使えるのは組織内のメンバー

外部の人やゲストとしてTeams
に参加している人は、「予定表」
は使えません。招待メール
（P221）やチャットなどで出欠を
知らせましょう。

❶ここをクリック

❷会議予定をクリック

### 2 出欠を選択する

「出欠確認」をクリックし、出
欠を選択します。

#### HINT スマホの場合

PCの場合と同じ流れで返信で
きます。画面下部で「予定表」を
タップし、対象の会議を開き、「出
欠確認」から出欠を選択します。

❸ここをクリック

❹出欠を選択

#### HINT メールでの出欠返信要請

会議の主催者が招待時にメールアドレスを入力すると、招待された側に会議について知らせるメールが届きます。
届いたメールに出欠を返信するためのリンクがあるときは、そこをクリックして会議への出欠を返信できます
（P221）。なお、会議への招待メールの表示内容は、利用しているメールソフトにより異なります。

## 1 参加を承諾する

会議の開催時（または開催中）に招待されると、画面上に通知が表示されます。参加するには「承諾」をクリックします。

**HINT** 「最新情報」にも通知される

会議の招待は、「最新情報」の「フィード」にも表示され、そこからでも参加できます。一度「拒否」をした会議に参加したいときもここから参加できます。

❶会議の招待を知らせる通知

❷ここをクリック

## 2 マイクとカメラの使用を設定する

会議用のウィンドウが開くので、使用する音声、カメラとマイクの使用を設定して、「今すぐ参加」をクリックします。なお、マイクとカメラの動作は、通話テスト（P173）で事前に確認しておきましょう。

❸カメラのオン・オフを指定

❹使用する音声をクリック

❺マイクのオン・オフを指定

❻ここをクリック

**HINT** マイクはオフでスタートがおすすめ

マイクをオンにしていると、その場の雑音や周囲の人の声などが会議相手に聞こえてしまいます。ひとまずオフにしておき、発言するときだけオンにするのがおすすめです。カメラとマイクのオン・オフはP194の要領で変更できます。

# 3 会議に参加できた

会議に参加でき、画面が表示されます。ビデオをオンにしている場合は、画面下部に自分が、画面中央には参加者（初期設定では9人まで）が表示されます。

❼会議に参加できた

❾その他の参加者が表示される

❽自分のビデオが表示される

 **HINT カメラがオフの場合の見え方**

カメラをオフにすると、プロフィールアイコンが表示されます。図は手順3の状態で相手がカメラをオフにした場合です。プロフィールアイコンを特に設定していない場合、図のように頭文字が表示されます。

なお本書では、操作の見やすさを優先するため、ビデオオフの状態で説明している箇所があります。

❶ビデオがオフの参加者はこのように表示される

 **HINT その他の参加方法**

会議の開催方法によっては、以下の方法でも参加できます。素早く簡単に参加できるように工夫されています。

- **招待メールのリンクから**
  たとえば組織外のユーザーなど、Teams内で会議の通知を表示できない相手には、会議参加用のメールが送られてきます。メール内にある会議参加用のリンクをクリックすると参加できます。TeamsアプリのないPCでも、ブラウザで参加可能です。

- **予定表の会議から**
  あらかじめ予定表に追加されている会議の場合、予定表内の会議予定に表示されている「参加」ボタンをクリックして参加できます

- **チャネルの投稿から**
  チャネル会議が開催された場合、チャネルの「投稿」タブに会議を開催したことを知らせるメッセージが投稿されます。「参加」ボタンをクリックして参加します。

# スマホで会議に参加する

ビデオ会議はスマホでも利用でき、出先などでも簡単に会議に参加できます。通知や「アクティビティ」の「フィード」から参加できる点はPCと同じです。以下はフィードから参加する場合です。

## 1 参加依頼を開く

会議の参加依頼があると、「アクティビティ」の「フィード」に表示されます。タップして依頼を開きます。

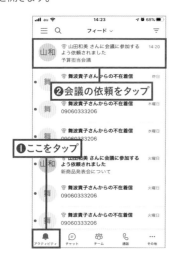

## 2 「参加」をタップする

会議の情報画面が表示されるので、必要に応じて「詳細」などを確認し、「参加」をタップします。

## 3 カメラやマイクを設定する

会議参加時点のカメラやマイクの設定をして、「今すぐ参加」をタップします。

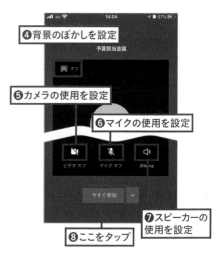

## 4 会議に参加できた

会議に参加できました。画面に映る人数は、会議の参加者により変化します。初期設定では最大7人まで表示されます。

# 04 会議から退出する

**Point**
- ●「退出」ボタンで簡単に退出できる
- ●全員が退出すると会議が終了になる

## 1 「退出」ボタンをクリックする

会議から退出するには、会議
ウィンドウの「退出」ボタンを
クリックします。

❶ここをクリック

**HINT 全員退出するまで
会議は続く**

参加者が残っている間は会議は
終了になりません。退出した会
議が続いている間は、フィードの
通知や会議チャット(P198)から、
再度会議に参加できます。

**HINT 開催者は会議を終了できる**

会議の開催者は、会議室にまだ人が
残っている状態で会議を終了することも
できます。開催者のみに表示される会
議の「会議を終了」をクリックします。

❶ここをクリック

❷ここをクリック

**HINT スマホで会議から退出する**

スマホで会議から退出するには、画面下
部にある退出用のアイコンをタップしま
す。

❶ここをタップ

# 05 会議中にカメラとマイクをオン・オフする

## 1 アイコンをクリックする

カメラのオン・オフは、会議
ウィンドウ右上のカメラ用ア
イコンをクリックして切り替え
ます。
マイクのオン・オフも同様に
マイク用のアイコンをクリック
して切り替えられます。

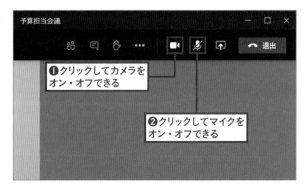

**HINT カメラとマイクのオン・オフは斜線でわかる**

カメラ・マイクともに、オフのときは斜線入りのアイコンになります。図の場合、カメラはオン、マイクはオフの状態
です。オンのときは画面上に自分が映るカメラと異なり、マイクの状態はこのアイコン以外ではわかりません。うっ
かりオンのままにして会議の進行を妨げるといったことのないよう、会議中は意識してアイコンを確認しましょう。

---

# スマホでマイクのオン・オフを切り替える

画面下部にあるカメラとマイクのアイコンをタップし
て、オン・オフを切り替えできます。スマホの場合、ス
ピーカーフォンの切り替えボタンもあります。

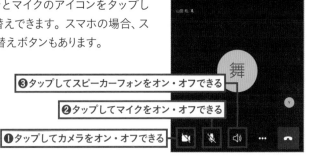

❸タップしてスピーカーフォンをオン・オフできる
❷タップしてマイクをオン・オフできる
❶タップしてカメラをオン・オフできる

# 06 会議の参加者を確認する

Point
●会議の参加者は全員が画面上に映っていない場合もある
●会議ウィンドウ上で参加者の一覧を表示できる

## 1 アイコンをクリックする

会議ウィンドウで「参加者を
表示」をクリックすると、ウィン
ドウ右側に会議参加者の一
覧が表示されます。再度クリッ
クすると一覧が閉じます。

❶ここをクリック

❷参加者一覧が表示される

### 画面に映っていない人がいることも
HINT

会議ウィンドウに表示される人数には限りがあり、それ以上の場合は自動で映る人が入れ替わるため、ビデオだけ
ではすべての参加者が把握できないこともあります。「参加者を表示」で会議中いつでもその時点の参加者を確認
できます。

---

## スマホで参加者を表示する

画面上部の参加者表示用のボタンをタップすると、
参加者の一覧を表示できます。なお、ボタンが表示さ
れていないときは、画面にタッチすると表示されます。

❶タップすると参加者一覧を表示できる

会議の背景をぼかす・変更する

**Point**
- ●会議の参加前、会議中、どちらのタイミングでも背景を変更できる
- ●自分のいる場所を映さずにビデオ会議に参加したいときに便利

## 1 背景効果の適用を開始する

会議の参加中に背景を変更するには、会議コントロールの「…」をクリックして「背景効果を適用する」をクリックします。

❶ここをクリック

❷ここをクリック

 **HINT 参加前に背景を変更するには**

会議の参加前にあらかじめ背景を変更したいときは、P190の手順2の時点で設定できます。

## 2 利用したい背景を適用する

背景をぼかしたいときは「ぼかす」、画像に置き換えたいときは利用したい画像を選択して、「適用」をクリックします。

❸ぼかしたいときにクリック

❹変更したいときにクリック

❺ここをクリック

 **HINT 背景をプレビューする**

適用前に図の「プレビュー」をクリックすると、選んだ背景をプレビュー表示できます。

 **HINT スマホで背景をぼかす**

スマホで会議の背景をぼかすには、画面下部の「…」をタップして、「背景をぼかす」を選択します。なお、画像への背景の置き換えは、スマホでは利用できません。

**手を挙げる機能を使う**

Point
- 発言の意思や同意を示す方法として利用頻度が高い機能
- 会議の参加者一覧で他の人の「手を挙げる」状況がわかる

## 1 「手を挙げる」アイコンをクリック

会議中に手を挙げたいときは、画面上部の「手を挙げる」アイコンをクリックします。

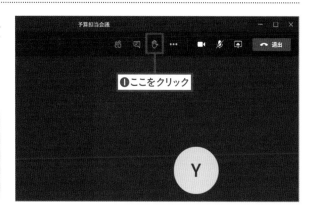

❶ここをクリック

**手を下ろすには**
HINT

「手を挙げる」アイコンを再度押すと、手を下げた状態に戻ります。

## 2 手が挙がった

手を挙げた状態になり、アイコンの色が変わりました。参加者一覧表示用のアイコンには、手を挙げている人の数が表示され、クリックすると誰が手を挙げているかがわかります。

❷手が挙がった状態

❸ここをクリック

❹手を挙げている人がわかる

**スマホで手を挙げる**
HINT

スマホで会議中に手を挙げるには、画面下部の「…」をタップして、「手を挙げる」をタップします。

**09** 会議の参加者同士でチャットする

Point
●会議ごとに専用のチャットを利用できる
●会議中のファイルのやり取りやメモ代わりに活用できる

## 1 チャット用アイコンをクリック

会議ウィンドウでチャット用の
アイコンをクリックすると、会
議チャットが表示され、会議
の参加者同士でチャットがで
きます。再度アイコンをクリッ
クすると非表示に戻ります。

❶ここをクリック

❷会議用のチャットが表示される

 **HINT 会議以外の チャットの利用**

メインウィンドウは会議中でも操
作できます。特定の参加者や参
加者以外へのチャットは、通常の
場合と同じく利用できます。

 **HINT 会議チャットを後から見るには**

会議チャットは、会議終了後も通常のチャットと同じ要領で利用できます。「チャット」の画面で会議名のチャット
を探しましょう（P209参照）。

---

 **スマホで会議チャットを開く**

スマホで会議チャットを開くには、画面上部のチャッ
ト用アイコンをタップします。なお、アイコンが表示さ
れていない場合は、画面上をタッチすると表示されま
す。

❶ここをタップ

# 10 議事録の作成に会議のメモを使う

**Point**
- ●自動で保存・共有される会議のメモは、議事録の作成に重宝する機能
- ●会議のメモは、会議中に加え会議の前後にも利用できる

## 1 会議のメモを開く

会議ウィンドウの「…」から、「会議のメモ」をクリックします。

**HINT ゲストユーザーは利用できない**

会議のメモを利用できるのは、社内など同じ組織のメンバーです。チームに参加しているゲストを含め、組織外の会議参加者は利用できないので注意しましょう。

## 2 メモの利用を開始する

会議ウィンドウに表示される「メモを取る」をクリックします。

**HINT 100人までの会議で利用できる**

会議のメモが利用できるのは、参加者が100人までの会議です。

**HINT 会議開始前に会議のメモを利用する**

会議のメモは、会議の時間の前や参加者を招待する前にも利用できます。予定表で会議を選択し、「参加者とチャットする」をクリックして、「会議のメモ」のタブで「会議のメモを取り始める」を選びます。事前に議題をまとめておき、会議の進行をスムーズにするなどの使い方ができます。

## 3 会議のメモが表示される

Teamsのメインウィンドウに会議のメモが表示されます。会議ウィンドウで会議に参加しつつ、メインウィンドウで会議のメモを利用できます。

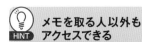

**HINT メモを取る人以外もアクセスできる**

会議のメモは、入力をしない人も利用できます。自動的に共有されているので、ここまでの手順でメモを開いて閲覧できます。

❹会議のメモが表示された

## 4 メモの入力方法

議題と本文が入力しやすいフォーマットになっています。「新しいセクションをここに追加する」をクリックすると、議題を追加できます。

**HINT 会議後にメモを閲覧・編集するには**

会議のメモは自動的に保存され、参加者は会議の終了後にも閲覧・編集が可能です。

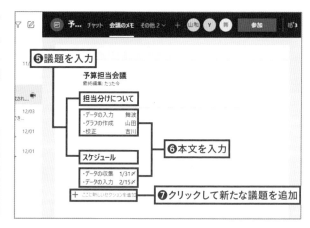

❺議題を入力

❻本文を入力

❼クリックして新たな議題を追加

**HINT スマホの場合**

スマホでは会議のメモの編集はできませんが、会議のメモを見ることはできます。会議中に会議チャットを開き、「その他」タブの「会議のメモ」から利用できます。また会議終了後も、会議チャットの「その他」から同じように利用できます。

❶会議チャットを表示

❷ここをタップ

❸タップして閲覧できる

# 11 会議を録画・録音する

**Point**
- 会議のレコーディング機能で音声・ビデオ・画面共有を保存できる
- 録画した会議は後から再生や共有ができる

## 1 レコーディングを開始する

会議ウィンドウの「…」から、「レコーディングを開始」をクリックします。

❶ここをクリック

**レコーディングは誰か1人が行えばOK**

1つの会議内で同時に複数のレコーディングデータを作成することはできません。誰がレコーディングを行ったかに関わらず、録画・録音データは会議の参加者全員に公開されます。

❷ここをクリック

## 2 録画が開始された

会議のレコーディングが開始され、レコーディング中であることを示すアイコンが表示されます。
レコーディングを停止するには「…」>「レコーディングの停止」をクリックします。

❸レコーディング中を示すアイコン

**会議の開催者がレコーディングをするのがスムーズ**

会議の開催者と同じ組織のユーザーであれば、会議のレコーディングを実行できます。ただしチャネル会議以外では、録画データは録画を開始した人のOneDriveフォルダに保存されます。そのためレコーディングデータを削除できるのはレコーディングを開始した人のみです。会議の開催者がレコーディングをするのがよいでしょう。

Chapter7 ビデオ会議を利用する

201

## レコーディングする際は参加者に事前に通知しておく

レコーディングを開始すると画面にもメッセージが表示されますが、前もって会議の参加者にはレコーディングすることを知らせておきましょう。

いきなり自動メッセージが表示されて、不快に感じる人もいるかもしれません。

あらかじめ「この会議は録画します」と告知しておくことで、レコーディングに関するトラブルを避けることができます。

右図は、レコーディング開始時にスマホでの会議参加者に表示される自動メッセージです。スマホからはレコーディングの開始は行えませんが、自動メッセージは表示されます。

レコーディングの開始時、参加者に表示される自動メッセージ

##  HINT レコーディングデータを視聴する

会議の参加者は、レコーディングデータを視聴できます。レコーディングデータは自動的に保存され、再生用のリンクが会議チャット(チャネル会議の場合はチャネル)に投稿されます。チャットやチャネルの投稿されたリンクをクリックして、いつでも再生できます。また、レコーディングデータの再生は、スマホでも行えます。

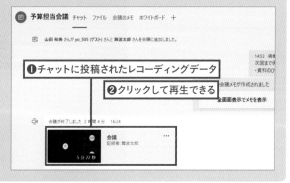

❶チャットに投稿されたレコーディングデータ

❷クリックして再生できる

##  HINT 会議のレコーディングファイルの保存場所

レコーディングデータは、会議の種類により保存場所が違います。

### ・チャネル会議の場合
SharePointに保存され、チャネルの[ファイル]タブの[レコーディング]フォルダーに保存されます。

### ・チャネル会議以外の場合
記録を開始したユーザーのOneDriveディレクトリの[レコーディング]フォルダーに保存されます。OneDrive内の他のファイルと同じ要領で共有できるため、会議の参加者以外にも情報を共有することができます。

# 12 会議でホワイトボードを使う

**Point**
- 参加者が共有できるホワイトボードが会議ごとに利用できる
- ホワイトボードの内容は自動で保存され、後から編集も可能（P209）

## 1 ホワイトボードの利用を開始する

会議のウィンドウで「共有」アイコンをクリックしたあと、「Microsoft Whiteboard」をクリックします。

❶ここをクリック

❷ここをクリック

**HINT 起動者以外も書き込みできる**

ホワイトボードは、会議参加者誰もが見ることができ、起動した人以外も書き込みができます。

## 2 線やテキストを入力する

会議ウィンドウにホワイトボードが表示されます。ペンを選んでドラッグすると、フリーハンドで線を描画できます。文字の入力も可能です。

❸ホワイトボードが起動した

❹ペンを選択して線を描画できる

Point

❺クリックしてテキストを入力できる

**HINT ホワイトボードを画像として保存する**

ホワイトボードの画面右上にある「設定」アイコン（歯車のアイコン）から「画像をエクスポート」を選択すると、ホワイトボードの内容を画像ファイルとして保存できます。

## 3 メモを追加する

メモ型のアイコンをクリックすると、付箋のようなメモが追加でき、文字を入力できます。「発表を停止」をクリックするとホワイトボードを停止できます。

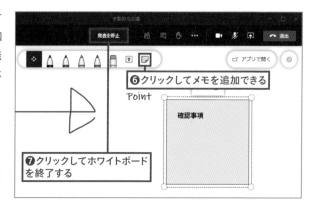

⑥クリックしてメモを追加できる

⑦クリックしてホワイトボードを終了する

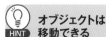

**HINT オブジェクトは移動できる**

入力した文字や描画、メモはドラッグで移動できます。

---

**HINT 入力の編集と削除するには**

入力した線や文字、メモは、クリックして選択すると青い点線で囲まれます。この状態でドラッグすると移動できます。枠線の四隅にポインタを合わせてドラッグすると拡大・縮小も可能です。

また表示されるゴミ箱のアイコンをクリックすると削除できます。

ペンで描いた線を個別に削除するには、消しゴムを選択して線をクリックします。入力したテキストは、通常の文字同様に【Delete】キーで削除できます。

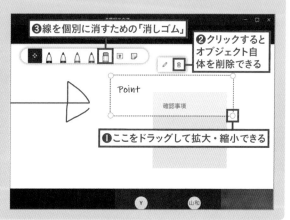

③線を個別に消すための「消しゴム」

②クリックするとオブジェクト自体を削除できる

❶ここをドラッグして拡大・縮小できる

---

**HINT スマホでホワイトボードを利用するには**

スマホ用のTeamsアプリからはホワイトボードは開始できませんが、別の参加者がPCから開始したホワイトボードへの書き込みは可能です。
「ホワイトボードは共有されています」と表示されたら「開く」をタップすると表示できます。

❶タップしてホワイトボードを開く

# 13 会議で画面を共有する

**Point**
- ●自分のパソコン・スマホの画面を会議の参加者に共有できる
- ●デスクトップ全体、特定のウィンドウなど共有範囲を選べる

## 1 共有対象を選択する

共有用のアイコンをクリック
し、共有する対象を選択しま
す。デスクトップ、ウィンドウ
のほか、PowerPointファイ
ルも共有できます。「コンピュー
ターサウンドを含む」をオンに
すると、システム音も共有でき
ます。

❷共有する対象をクリック　❶ここをクリック

**HINT Macでは事前準備が必要な場合も**

Macでは画面を共有する前にTeamsにアクセス許可を求められる場合があります。画面に表示される指示に従っ
て設定しましょう。

## 2 共有が開始された

共有が開始され、共有してい
る内容が赤の枠線で囲まれま
す。図はアプリのウィンドウを
共有した状態です。このウィ
ンドウで行った操作は、共有
相手も見ることができます。

❸画面が共有された

**HINT 共有したくないものに注意**

共有機能は、共有開始時に見えている状態だけを共有するものではありません。たとえばデスクトップ全体を共有
した場合、アプリから届く通知など、デスクトップ上に生じる変化も一緒に共有されます。ウィンドウの場合でも、
そのアプリ内に届いた通知などは共有されます。意図しない画面が見えないよう注意しましょう。

## 共有相手からはこう見える

図は、前ページで共有したウィンドウをスマホで会議
に参加している人が見た状態です。参加者のビデオ
は下部に縮小され、共有画面が大きく表示されます。

共有した画面が表示され
ている

## 画面共有を停止するには

画面の共有を停止するには、デスクトップの上部にカーソルを合わせると表示されるコントローラーで、「発表を停
止」をクリックします。

❶デスクトップの最上部にカーソルを移動　　　　　❷ここをクリック

## 共有コンテンツを見やすくする

コンテンツ共有時に「…」から「フォーカスビュー」を選択すると、共有コンテンツの見やすさを重視した「フォーカス
ビュー」に変更されます。ビデオなどが非表示になり、共有コンテンツが大きく表示されます。

❸フォーカスビューの状態

# スマホで画面を共有する

スマホの画面、写真、ビデオ、PowerPointのファイルが共有できます。写真とビデオはスマホ内に保存したものと、共有の操作をしながら撮影したものどちらも共有できます。特にビデオは、撮影しながら共有でき、ライブ中継のように利用できる点が大きな特徴です。

## 1 「共有」をタップする

画面下部の「…」をタップして、「共有」をタップします。

## 2 共有対象を選ぶ

共有対象をタップします。図の例では写真を共有します。

## 3 共有を開始する

共有する写真を選択し、「発表を開始」をタップすると共有が始まります。

## 4 共有を停止する

共有を終えるには、「発表を停止」をタップします。

# 14 共有相手に画面を操作してもらう

**Point**
- 画面の制御を渡した相手は、共有画面で編集などの操作が可能になる
- 制御を渡したユーザーと自分の両方が操作を行える

## 1 制御を渡す相手を選択する

画面の共有相手に、自身のPC
を制御する権限を与えるに
は、「制御を渡す」をクリック
して、渡す相手を選択します。

❶ここをクリック

❷相手を選択

**HINT 「制御を渡す」を表示するには**

「制御を渡す」がないときは、デスクトップの上部にカーソルを移動すると表示されます。

## 2 同時に操作が可能になった

制御が渡され、PCの所有者
と制御を渡された人の2つの
ポインタが表示されます。こ
の状態で制御を渡された人に
自身のPCを操作してもらえま
す。制御の権限を停止するに
は、「制御を解放する」をクリッ
クします。

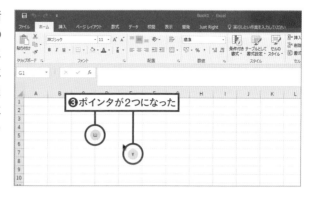

❸ポインタが2つになった

**HINT 制御を要求するには**

他の人が共有した画面の制御を取得したいときは、「制御を要求する」を選択してリクエストを送信できます。相手の画面にはリクエストが届いたことが表示され、承認・拒否を選択できます。承認されると制御を取得できます。

# 15 会議の記録を後から見る

**Point**
- ●会議中のチャット、メモ、ホワイトボード、録画はチャットからアクセスできる
- ●通常の会議とチャネルの会議では、データのアクセス方法が異なる

## 1 会議のチャットを開く

「チャット」の画面で会議名の
チャットを開きます。「チャット」
タブには、会議チャットでの投
稿のほか、レコーディングデー
タなども投稿されています。
レコーディングデータはクリッ
クして再生できます。

❶ここをクリック
❷会議名のチャットを開く
❸会議のレコーディングデータ

## 2 タブを切り替える

画面上部のタブから、会議で
使用した「会議のメモ」「ホワイ
トボード」を表示できます。こ
れらは会議後に編集を加える
こともできます。

❹ここをクリック
❺会議メモが表示される
❻クリックするとホワイトボードを表示できる

### HINT スマホの場合

会議のチャットを開き、「その他」
タブを開くと「会議のメモ」を見
ることができます。「ホワイトボー
ド」は会議終了後はスマホからは
見られません。

### HINT チャネル会議の場合

チャネルの会議は、会議ごとにチャネルのスレッドが投稿され、会議のメモやレコーディングデータはここからアク
セスできます。詳しくはP219で紹介しています。

# 16 終了した会議を再開する

**Point**
- 一度終了した会議は、時間を空けて再開することができる
- 以前の会議で使用したチャットやメモ、ホワイトボードを続けて使用できる

## 1 会議チャットから「参加」する

再開したい会議のチャットを
開き、「参加」をクリックして
再度参加できます。

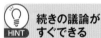

**HINT 続きの議論が
すぐできる**

前ページの要領で以前の会議の
メモなどを引き続き利用できま
す。会議が長くなり別の日に持
ち越したい場合も、簡単に続き
の議論を始められます。

## 2 会議が再開できた

会議が再開されます。事前に
時間を決めて集まるとスムー
ズです。その場で呼び出した
いときは、参加者の一覧から
通話を発信できます。
スマホの場合も、会議チャット
の「参加」をタップして一度終
了した会議に参加できます。

**HINT チャネル会議を再開するには**

チャネルに投稿されている会議のスレッドを開き、会議開始用のアイコンをタップすると会議を再開できます。

# 17 特定のユーザーを常に大きく表示する

**Point**
- 自分の画面だけに表示したい場合はビデオを「ピン留め」する
- 全員の画面に表示するには「スポットライト」機能を使う

## 画面をピン留めする

### 1 「ピン留め」を選択する

通常の場合、画面上に表示されるユーザーは、発言の状況により変化します。特定の人を常に大きく表示するには、対象のユーザーの名前にポインタを合わせ、表示される「…」から「ピン留め」を選択します。

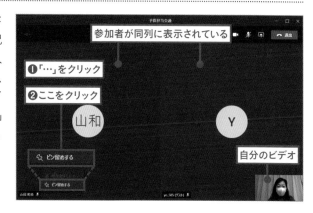

参加者が同列に表示されている

❶「…」をクリック

❷ここをクリック

山和

Y

自分のビデオ

ピン留めする

ピン留めする

### 2 参加者がピン留めされた

ピン留め中を示すアイコンが表示され、ピン留めされた人が大きく表示されます。その他の参加者は小さくなります。

❸アイコンが表示される

❹ピン留めされた人は大きく表示される

山和

❺他の参加者は小さくなる

Y

**HINT ピン留めを解除するには**

③のピンアイコンをクリックすると、ピン留めを解除できます。

**HINT 発表者が決まっている会議で特定の人を目立たせるのに便利**

特に「スポットライト」は、会議の主催者側が意図した人に参加者全員の注目を集めることができます。

## スポットライトを使う

### 1 「スポットライト」を選択する

スポットライトを設定するには、「参加者一覧」で対象の人にポイントを合わせて「…」をクリックし、「スポットライトを設定する」(自分の場合は「スポットライトを自分に設定する」)をクリックします。

なお、スポットライトを開始できるのは、会議の開催者と発表者です。

### 2 スポットライトが設定された

スポットライトが実行され、会議のすべての参加者の画面で、対象の人のビデオだけが大きく表示されます。

> **HINT スポットライトを終了するには**
>
> 手順1の要領で「スポットライトの停止」を選択します。

> **HINT スマホでビデオをピン留めするには**
>
> スマホでもビデオを「ピン留め」できます。ピン留めしたい人のビデオを長押しし、「ピン留め」をタップしましょう。なお、スマホからはスポットライトの開始・停止はできませんが、他のユーザーがPCで実行したスポットライトの設定は、スマホで参加している人の画面でも同じように反映されます。

# 18 別のデバイスに会議を転送する

**Point**
- ●PCとスマホなど、種類の違うデバイスでも転送可能
- ●元のデバイスの退出が自動ででき、タイムロスなく引き継げる

## 1 会議の転送機能とは

会議の転送機能を使うと、参加している会議を別のデバイスに引き継ぐことができます。ここでは例として、スマホで参加していた会議をPCに転送します。「PCで会議中に席を外したくなり、続きはスマホで参加したい」「離席中はスマホで、自席に戻ったら画面の大きいPCで参加したい」というときに役立ちます。

❶スマホで会議に参加中

## 2 別のデバイスでTeamsを起動する

PCのTeamsを起動すると、画面の上部に別のデバイスで会議に参加していることを知らせるメッセージが表示されるので、そこにある「参加」をクリックします。

❷PCでTeamsを起動

別のデバイスで 予算担当会議 に参加しています。このデバイスで参加しますか？　参加

予算担当会議 チャット その他 3 ∨ ＋

❸ここをクリック

山田 和義 さんが yo_505 (ゲスト) さんと 舞波太郎 さんを会議に追加しました。

12/05 14:53 編集済み
次回まで保留
・資料のひな型の有無確認

この会議の会議メモが作成されました

---

**HINT 通常の「参加」とは違う点に注意**

手順2の図に2つの「参加」があるように、別のデバイスで参加している場合も、通常の手順で会議に参加するための「参加」は表示されています。会議の転送は「別のデバイスで○○会議に参加しています」と書かれている方の「参加」を使うので注意しましょう。

## 3 参加方法を選択する

会議の参加方法を選ぶ画面が表示されるので、「このデバイスに転送」をクリックします。

**HINT** デバイスの追加もできる

図の画面で「このデバイスを追加する」をクリックすると、元のデバイスで会議に参加したまま、ミュートの状態で新たなデバイスでも参加できます。

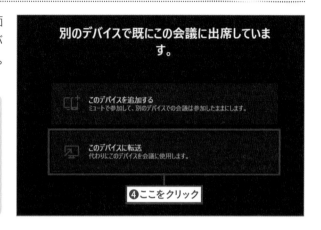

## 4 条件を指定して参加する

通常の参加と同様にカメラやマイクのオン・オフを指定して、「今すぐ参加」をクリックします。PCの方が会議につながると同時に、スマホの方が会議から自動的に退出します。

**HINT** PCからスマホに転送する場合

PCで会議参加中にスマホでTeamsを起動すると、画面の上部にスマホで参加するかを問うメッセージが表示されます。ここから会議の転送を実行できます。

# 19 すぐに会議を開催する

**Point**
- ●数手順の設定だけですぐに会議を開始できる
- ●会議を開始したあとで参加者を招待する

## 1 会議の立ち上げを開始する

すぐに会議を開催するには、「予定表」(または「会議」)を開き、「今すぐ会議」をクリックします。

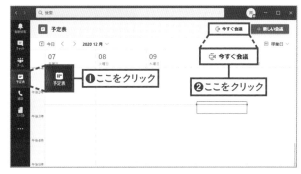

## 2 会議の設定をする

会議の名称を入力して、自身のカメラとマイクの使用を選択して、「今すぐ参加」をクリックします。

---

### 💡HINT 「予定表」「会議」が表示されない場合

手順1の「予定表」は有料版のTeamsで表示されます。無料版の場合では予定表機能は利用できませんが、代わりに表示される「会議」から「今すぐ会議」を利用できます。一方、組織にゲストとして参加している人は「今すぐ会議」は利用できず、「予定表」「会議」どちらも表示されません。

## 3 会議が始まった

開催者である自分のみが参加
した状態で、会議が開始され
ました。「参加者を表示」をク
リックし、会議に招待したい人
を入力して、表示される候補
を選択します。

## 4 相手の呼び出しが開始される

会議の参加者に追加され、相
手の呼び出しが始まります。

### HINT 応答できないときは迷惑に

この方法で追加した招待者は、
通話と同じように呼び出しされ、
応じると会議に参加できます。
すぐに応答できない場合、もある
ので、事前にチャットなどで声を
かけるとよいでしょう。

## 5 会議に参加者が追加された

招待した人が応じると、会議
の参加者に追加されます。こ
の手順を繰り返し、必要な人
を追加します。

## リンクを使って招待する

会議の参加者のウィンドウで、リンクコピー用のアイコンをクリックすると、会議へのリンクをコピーできます。

コピーした内容をチャットなどに張り付けると、クリックだけで会議に参加できるリンクを挿入できます。相手の都合に応じて参加してほしい場合に便利です。

このリンクを外部の人に送り、組織外の人を会議に招待することもできます。

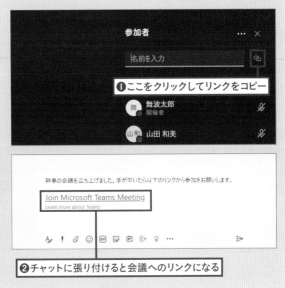

# スマホですぐに会議を立ち上げる

スマホからもすぐに会議を立ち上げることができます。「予定表」から会議を開催し、参加者を招待する流れはPCの場合と同じです。

**20** チャネルの会議を開催する

**Point**
●チャネルの全員が招待される会議を簡単に作成できる
●会議の記録やチャットは、チャネル内の投稿にまとめられる

## 1 会議の立ち上げを開始する

対象のチャネルを開き、会議
用のアイコンをクリックして、
会議の開始方法(図は「今す
ぐ会議」)をクリックします。

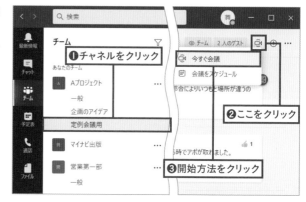

## 2 会議の設定をする

会議の名称は変更も可能で
す。自身のカメラとマイクの
使用を選択して、「今すぐ参
加」をクリックします。

---

 **HINT** チャネルの会議の予定を立てるには

手順1で「会議をスケジュール」を選択すると、先の日程でチャネル内の会議を予定することができます。会議を予
定する方法はP220の場合と多くが共通していますので、こちらを参考にしてください。

## 3 会議が開始できた

開催者である自分のみが参加した状態で、会議が開始されました。「参加者を表示」をクリックすると、チャネルのメンバーが表示されています。

**❼ここをクリック**

**❽チャネルのメンバーが表示される**

## 4 会議が投稿された

チャネルの会議を作成すると、チャネル内に会議の開始が投稿されます。チャネルのメンバーは、投稿内の「参加」をクリックして会議に参加できます。

**❾会議について投稿される**

**❿会議参加用のボタン**

💡 **HINT メンバーを呼び出したいときは**

会議の時間になっても一人だけ参加が遅れているときなどは、手順3の画面で候補者にポイントを合わせると表示される「参加をリクエスト」をクリックすると呼び出しを発信できます。

💡 **HINT チャネルの会議の記録は投稿から確認できる**

チャネルの会議で利用した会議メモや会議チャット、会議の録画は、チャネルの投稿から会議後にも確認することができます。

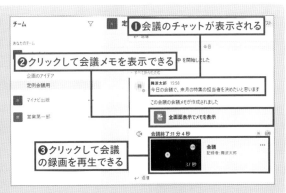

**❶会議のチャットが表示される**

**❷クリックして会議メモを表示できる**

**❸クリックして会議の録画を再生できる**

# 21 日時を決めて会議を開催する

**Point**
- ●開催日時が決まっている会議はあらかじめ予約ができる
- ●会議の記録やチャットは、チャネル内の投稿にまとめられる

## 1 会議の立ち上げを開始する

日時を決めて会議を開催するには、「予定表」を開き、「新しい会議」をクリックします。

**HINT 無料版・ゲストの場合**

無料版の場合は、「会議」をクリックして、「会議をスケジュールする」をクリックして会議を立ち上げます。

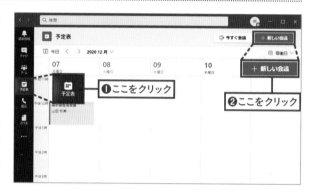

❶ここをクリック

❷ここをクリック

## 2 会議の設定をする

会議名を設定し、招待する人を入力します。組織内の人は名前を、組織外の人を入力するにはメールアドレスを入力します。日時を設定し、招待メールに追加したいテキストを入力（下の「HINT」参照）し、「送信」をクリックします。

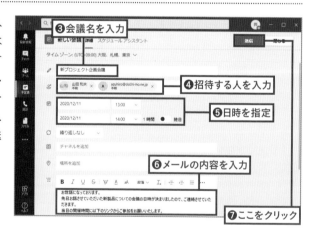

❸会議名を入力

❹招待する人を入力

❺日時を指定

❻メールの内容を入力

❼ここをクリック

**HINT 招待メール入力時の注意点**

上図❻は、メールアドレスで招待する人に送信されるメールに追加するテキストを入力できる欄です。この欄の下部には、会議へのリンクがあらかじめ入力されていますので、その部分は消さないように注意して入力しましょう。

## 3 会議が予約できた

会議が作成され、予定表に追加されました。招待した相手のTeamsに予定表がある場合、その人の予定表にも同じように会議予定が追加されます。

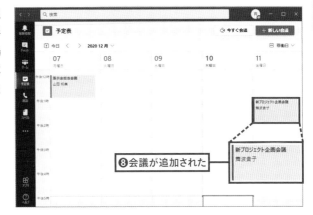

❽会議が追加された

---

### HINT 会議前にチャットで連絡する

組織内の招待者の予定表にも会議の予定は追加されますが、そのことを知らせる通知や自動メッセージなどは表示されません。作成された会議の予定から、参加者とのチャットを表示できるので、「会議予定を追加した」旨をチャットでお知らせすると親切です。

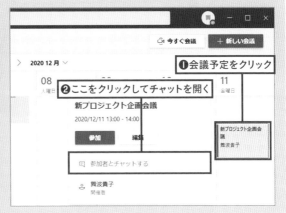

❶会議予定をクリック

❷ここをクリックしてチャットを開く

---

### HINT メールアドレスで招待した人の場合

メールアドレスで招待した人には、会議の開催を知らせるメールが届き、出欠の返信などが行えます。会議当日は会議参加用のURLをクリックして参加します。なお、メールの表示のされ方は、メールソフトにより異なります。図はOutlookの例です。

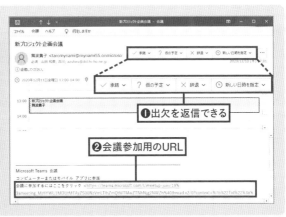

❶出欠を返信できる

❷会議参加用のURL

---

### チャネル単位で 会議を予約するには

手順2の会議の予約画面で、「チャネルを追加」欄をクリックしてチャネルを選択すると、そのチャネルのメンバーを会議の参加者にできます。

❶ここでチャネルを指定できる

### チャット単位で会議を予約するには

チャット内のメンバーと日時を指定して会議をするには、チャットの新しいメッセージボックスの下にある「会議の予約」をクリックします。するとチャット内のメンバーが会議の招待者に指定された状態で、手順2の会議の予約画面が開きます。

❶ここをクリック

---

## スマホで会議を予約するには

スマホからも会議の予約は可能です。「予定表」の画面を開き、上部にある「＋」アイコンから設定できます。

❷ここをタップ

❶ここをタップ

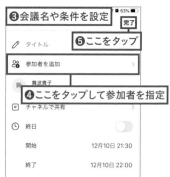

❸会議名や条件を設定

❺ここをタップ

❹ここをタップして参加者を指定

# 22 外部の人を会議に招待する

Point
- ●メールアドレス宛にリンクを送って招待できる
- ●外部の人は、Teamsアカウントやアプリがなくても参加可能

## 1 すぐに開催する会議の場合

P215の要領で会議を開始し、P217の「HINT」の要領で会議参加用のリンクを送って外部の人を招待できます。受け取った側は、リンクをクリックしてブラウザやTeamsアプリで会議に参加します。

## 2 日時を決めて会議を開催する場合

P220の要領で会議の予定を作成し、手順2の画面で招待者のメールアドレスを入力すると、会議の招待メールが送信できます。

### 招待メールにテキストを追加する

初期設定の会議の招待メールには、会議の趣旨や参加を依頼する文言などは含まれていません。P220の要領で、必要なテキストを追加してから送信しましょう。

## 1 「発表者」と「出席者」の違いと活用方法

会議の開催者は参加者を「発表者」と「出席者」に分類できます。「発表者」は、会議の「開催者」と同じく、会議で必要な操作のほぼすべてを実行できます。

一方「出席者」が利用できるのは、「ビデオでの発言とビデオの共有」「会議チャットへの参加」「別のユーザーによって共有されるPowerPointファイルのプライベートでの表示」のみです。他の参加者をミュートにする、参加者を削除する、コンテンツを共有するなどの機能は利用できません。

またこの分類は、個々でのミュートの解除を禁止する設定でも利用します。大人数での会議をスムーズに進行するのに便利な機能として覚えておきましょう。

## 2 「会議のオプション」を開く

会議の参加者を「出席者」にするには、会議の画面で「…」クリックし、「会議のオプション」を選択します。

**会議の開催日時前でも設定できる**

会議の開始時や会議中に設定することもできますが、相手が応じないと成り立たない「通話」と異なり、「会議」は自分だけが参加した状態でも実行できます。日時を指定した会議でも、予定日時より前に実行することが可能です。開催日時前に一度会議を実行して、「発表者」と「出席者」を事前に分けておくとスムーズです。

## 3 「発表者となるユーザー」を選択する

会議のオプションが表示されます。「発表者となるユーザー」を選択し、「保存」をクリックします。図では「自分の組織内のユーザー」を選んだので、それ以外の参加者は「出席者」に変更されます。「自分のみ」「特定のユーザー」を選ぶこともできます。

❸「発表者」にしたいユーザーを選択

❹ここをクリック

### HINT 設定を維持するには会議の予定から設定する

定期的な会議の場合、会議の画面で設定した「発表者となるユーザー」は、その会議の開催中のみ適用されます。
元の設定自体を変更し、毎回の定期的な会議に適用するには、「予定表」から対象の会議を開き、「…」をクリックして「会議のオプション」を選択しましょう。するとブラウザが起動し、[会議のオプション] ページ開くので、そこで「発表者となるユーザー」を設定します。

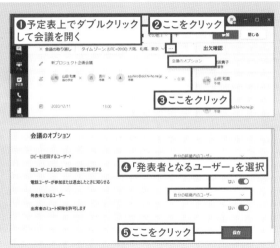

❶予定表上でダブルクリックして会議を開く　❷ここをクリック

❸ここをクリック

❹「発表者となるユーザー」を選択

❺ここをクリック

### HINT 会議中に素早く特定の人を「出席者」にするには

会議の最中、より素早く特定の人を「出席者」にしたいときは、P195の要領で参加者の一覧を表示し、対象の人の「…」をクリックして、「出席者にする」を選びます。

### HINT スマホで「発表者となるユーザー」を設定するには

会議前に設定するには、「予定表」上で対象の会議をタップして開き、画面下部にある「会議のオプション」をタップします。表示される「会議のオプション」画面で「発表者となるユーザー」を選択できます。会議中に設定するには、参加者の一覧で対象者をタップし、表示される「出席者にする」または「発表者にする」を選択します。

## 24 参加者のマイクをまとめて「オフ」にする

**Point**
- 自分以外の参加者のマイクをまとめてミュート（オフ）にできる
- マイクを切り忘れた人に注意を促す手間が省ける

### 1 「全員をミュート」をクリックする

会議の画面で参加者を表示します。図の状態では、自分以外の人もマイクをオンにしています。他の人のマイクをオフにするには、「全員をミュート」をクリックします。なお、この機能は「開催者」以外も利用できます。

### 2 ミュートを実行する

確認画面が表示されるので「ミュート」をクリックすると、自分以外の参加者のマイクがミュートになります。

**HINT　スマホの場合**

P195の要領で会議中に参加者を表示し、参加者の上部に表示されている「全員をミュート」をタップして設定できます。

**HINT　発表時には自分でミュートを解除できる**

この機能でミュートにされた場合、発言時は自分でミュートを解除（マイクをオンにする）して発言ができます。複数の人がマイクをオンにし、雑音などが会議の妨げになるのを防ぐのに適した機能です。大規模な会議などで、勝手な発言を防ぎたい、誤ってミュートを解除してしまう人のないようにしたいというときは、ミュートの解除を制限できる機能（次ページ）の方が適しています。

# 25 「出席者」のマイクのオン・オフを制御する

**Point**
- 会議中のマイクのミュート解除の可否を「開催者」が管理できる
- ミュートの解除を制限したい人は「出席者」にする(P224)

## 「出席者」のマイクのミュート解除を禁止する

### 1 「出席者」に設定しておく

P224の手順で「会議のオプ
ション」を開きます。「出席者
のミュート解除を許可します」
をオフにして、「保存」をクリッ
クします。

❶「会議のオプション」を開く

会議のオプション ✕

ロビーを迂回するユーザー?

自分の組織内のユーザー

話 ユーザーによるロビーの迂回を常に許
可する

電話ユーザーが参加または退出したと
きに知らせる

❷クリックしてオフ(図の状態)にする

出席者のミュート解除を許可します

❸ここをクリック　　保存

**HINT 「出席者」を設定して
おく**

ミュートの解除を制御したい参
加者は、「出席者」にしておきます。
方法はP224で紹介しています。

### 2 解除できないミュートになった

参加者の一覧を表示すると、
「出席者」のマイクが解除でき
ないミュートになりました。

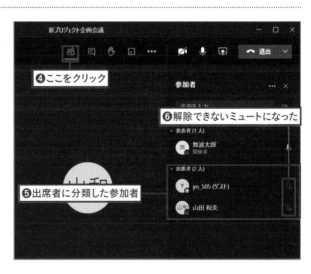

新プロジェクト企画会議 ─ ☐ ✕

❹ここをクリック

参加者　… ✕

❻解除できないミュートになった

▾ 発表者 (1人)
　舞波太郎　開催者

▾ 出席者 (2人)
　Y yo_505 (ゲスト)
　山和 山田 和美

❺出席者に分類した参加者

**HINT 初期設定は「出席者」
も発言可能**

大人数の会議では、誤ってミュー
トを解除したり、勝手に発言して
しまう人も少なくありません。「出
席者のミュート解除を許可しま
す」をオフにすると、こうしたトラ
ブルを防止でき、会議を円滑に
進行できます。なお、初期設定
ではオンになっています。

# 「出席者」の発言を一時的に許可する

## 1 「手を挙げる」機能を活用する

ミュート解除を制限すると、「出席者」はマイクアイコンをクリックしてもミュートを解除できず、「手を挙げて話す」ことを促すメッセージが表示されます。「出席者」がP197の要領で手を挙げると、一覧の上部に名前が移動し、手のアイコンが表示されます。

❶発表者が手を挙げるとアイコンが表示される

## 2 ミュートの解除を許可する

発言を許可したいときは、対象者の手のアイコンをクリックし、「ミュート解除を許可する」をクリックします。対象者は一時的にミュート解除が可能になり、発言できます。

❷ここをクリック

❸ここをクリック

---

**HINT**

### 発言の手順を事前に説明しよう

ミュートの解除を禁止するときは、発表者の発言中はミュートを解除できないこと、質問時間など発言する機会の有無などを事前に告知すると無用なトラブルを避けられます。また、発言の可能なタイミングでは、手を挙げ、ミュートの解除が可能になったら自分で解除して発言するなど、手順も説明しておくとよいでしょう。

## Column ロビー機能を使って会議の参加を許可制にできる

Teamsの会議は、設定された開始時間前でも参加できます。そのため時間より早くアクセスした参加者同士が、「開催者」が不在、参加者が揃っていないといった状態で会話を始めることもできます。こうした事態を避けるのに便利なのが、「開催者」が許可するまで会議の参加者を一時的に待たせることのできるロビー機能です。

### 1 ロビーを迂回する参加者を変更する

初期設定では全員がロビーを迂回し、直接会議に参加できるよう設定されています。これを変更するには、P224の要領で「会議のオプションを開き」、「ロビーを迂回するユーザー」設定します。図の「自分のみ」は、自分以外のすべてのユーザーをロビーで待機させる設定です。

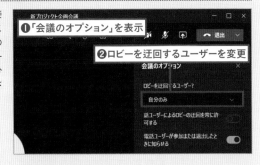

### 2 参加を許可する

ロビーの経由が設定されたユーザーが会議に参加すると、許可を求める画面が表示されます。許可を待つ人が1人のときは、「参加許可」をクリックして許可します。許可を待つ人が多いときは、「ロビーを表示」をクリックします。なお、許可を待っている参加者の画面には、「まもなく会議に招待します」といった旨のメッセージが表示されます。

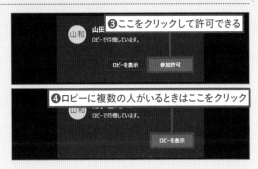

### 3 まとめて参加を管理する

参加者の一覧に、「ロビーで待機中」の人が表示されます。待機中の人をまとめて、または個別に参加を許可することができます。

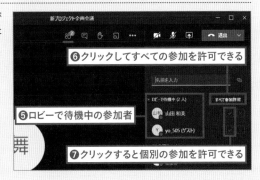

## 会議の表示人数を増やすには

Teamsの会議は、画面上に9人まで表示される「ギャラリー」モードが選択されていますが、この設定は変更可能です。会議の画面で「…」をクリックし、利用したいビューを選択しましょう。「大ギャラリー」モードは、10人以上の参加者がビデオをオンにしているときに選択できるモードで、最大49人までを画面上に表示できます。一方「集合モード」は、ギャラリーとは異なり、会議の参加者が同じ場所にいるように見える画面にできる機能です。こちらは5人以上のユーザーが会議に参加している場合に選択できます。

また、参加者が多い会議などで、デスクトップ上の表示スペースを広げたいときは、「全画面表示」も可能です。

❶ここをクリック
❷会議中の画面表示を選択できる
❸全画面表示にできる

## ビデオ会議を多数の視聴者に配信できる「ライブイベント」機能

Teamsには、多数のオンラインユーザーにビデオ会議をストリーミングで配信「ライブイベント」機能もあります。「ライブイベント」には、発言も可能なビデオ会議の参加者(発表者)とは別に、視聴のみが可能な「参加者」が最大1万人まで参加できます。通常のビデオ会議に参加可能な300人より、さらに大きな規模のイベントを開催できる機能です。

「ライブイベント」は有料版の機能となり、Office 365 Enterprise E1、E3、E5 ライセンス、または Office 365 A3、A5 ライセンスを持つユーザーが利用できます。また、ライブイベントの作成には、Microsoft Teams 管理センターでのアクセス許可が必要なので、利用ができない場合はTeamsの管理者に相談してみましょう。

❶予定表の会議の追加時に「ライブイベント」を選択すると作成できる

# Chapter8

# その他の便利機能

この章では、Teamsの使い勝手を良くするプラスアルファの機能や設定をピックアップしています。通知や自動起動の設定に加え、他のアプリとの連携についても紹介します。数百のアプリと連携でき、利用者それぞれが自分なりに使いやすい環境を作っていける点もTeamsの魅力です。

**01** # プロフィール画像を変更する

**Point**
- プロフィール画像はオリジナルの写真などを使用できる
- スマホで撮った写真をすぐにプロフィールアイコンにできる

## 1 「画像を変更」を選択する

ウィンドウ右上のプロフィール
アイコンをクリックし、「画像
を変更」をクリックします。

❶ここをクリック

舞 舞波太郎
画像を変更

❷ここをクリック

## 2 画像をアップロードする

「画像をアップロード」をクリッ
クして、表示される画面で使
用する画像を選びます。プロ
フィールアイコンに反映され
たら、「保存」をクリックします。

プロフィール画像を変更
すべての Microsoft 365 アプリで更新されます。

❸ここをクリック　❹画像を選択

画像をアップロード

写真の削除

舞

閉じる　保存

### 💡 HINT 写真の中央部分が表示される

プロフィールアイコンには、アッ
プロードした画像ファイルの中央
部分が自動的に丸く切り取られ
て表示されます。表示する部分
を手動で変更することはできな
いので、そのことを意識して写真
を選ぶとよいでしょう。なお、次
ページで紹介するスマホの場
合、写真の拡大や位置の調整が
可能です。

プロフィール画像を変更　❺画像が反映された
すべての Microsoft 365 アプリで更新されます。

画像をアップロード

写真の削除

❻ここをクリック　保存

# スマホでプロフィール画像を変更する

プロフィール画像はスマホからも変更できます。スマホ内にすでにある画像を利用できるほか、プロフィール写真の変更操作中にカメラを起動して写真を撮ることもできます。また、プロフィールアイコンに利用する範囲を調整することも可能です。

## 1 「その他」をタップ

画面左上にあるメニュー表示用（三本線）のアイコンをタップして、自分の名前の部分をタップします。

❶メニュー表示用（三本線）アイコンをタップ

❷ここをタップ

## 2 写真を選択する

プロフィールアイコンをタップし、写真の選び方を選択して、表示される画面で写真を選択（または撮影）します。

❸ここをタップ

❹写真の選び方をタップ

❺写真を選ぶ

## 3 表示範囲を調節する

選択した写真が表示されます。拡大や移動ができるので、白い枠内に使いたい範囲がくるように調節して、「選択」をタップします。

❻表示範囲を調節する

❼ここをタップ

## 4 写真が変更された

プロフィール写真が変更できました。手順3で設定した範囲が丸くトリミングされます。

❽プロフィール写真が変更できた

233

# 02 情報を整理!「Wiki」タブを活用する

**Point**
- チャネルごとに「Wiki」タブが用意されている
- ページ・セクションを追加して情報を効率的に整理できる

## 1 「Wiki」タブを開く

チャネルごとの「Wiki」を利用するには、「Wiki」タブをクリックします。

## 2 内容を入力する

ページタイトル、セクションタイトル、内容を入力します。セクションを追加して、簡単に情報を整理できます。上部のボタンを使い、文字色など書式の設定も可能です。

**セクションを追加するには**

Wikiページ上にカーソルを合わせると、次のセクションを追加するための「+」アイコンが表示されます。クリックしてセクションを追加できます。

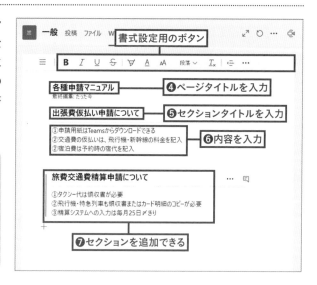

234

## 3 新たなページを追加する

メニュー表示用ボタンをクリックし、「新しいページ」をクリックすると、新たなページを追加できます。

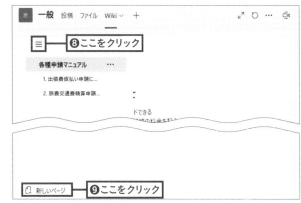

## 4 表示するページを切り替える

メニュー表示用ボタンをクリックし、ページを選択すると表示を切り替えられます。ページ数が増えても、目当ての情報を簡単に閲覧できます。

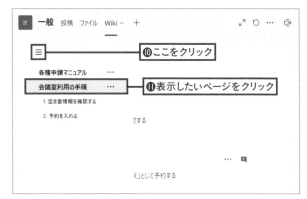

---

### HINT ページやセクションへのリンクをコピーできる

メニュー表示用アイコンから、ページ名横の「…」>「リンクをコピー」をクリックすると、そのページへのリンクをコピーでき、チャットなどに貼り付けて利用できます。リンクをクリックするだけで、Wikiのページを表示でき、参照してほしい情報を知らせる際に重宝します。
セクションタイトルの「…」>「リンクをコピー」を選ぶと、セクションへのリンクもコピーできます。

# 03 | タブを追加して使い勝手をアップする

**Point**
- ●チャネル・チャットごとにタブを追加できる
- ●豊富なツールやサービスを選ぶだけでタブに追加できる

## 1 「+」をクリックする

対象のチャネル（またはチャット）を表示し、タブ追加用の「+」をクリックします。

## 2 追加するアプリを選択する

利用可能なアプリが表示されるので、タブに追加したいアプリをクリックします。図では「Webサイト」を追加します。

 **ファイルも追加できる**

ここではアプリを追加しますが、P157のようにファイルのタブを追加することもできます。

**HINT 利用者全員に反映される**

追加したタブは、追加の操作をした人だけでなく、同じチャネル（またはチャット）を使うすべての人の画面に反映されます。個人的に使いたいものではなく、そのチャネルやチャットの便利さをアップするためのアプリを追加しましょう。なお、アプリによっては、個人ごとの情報を管理する個人用ビューがある場合もあります。

## 3 必要な情報を設定する

「タブ名」を入力し、「URL」を
入力して、「保存」をクリック
します。

**設定内容はアプリに**
HINT **より異なる**

ここで求められる設定の内容は、
選択したアプリにより異なりま
す。画面を確認し、必要な設定
を行いましょう。

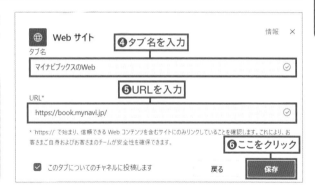

## 4 タブが追加できた

タブが追加できました。最初
からある「投稿」タブなどと同
様に、クリックするだけで素早
く利用できます。

**不要になったタブを**
HINT **削除するには**

不要になったタブは、タブ名の
横にあるアイコンをクリックし、
「削除」を選択して削除できます。

### ボタンなどをチェックしてみよう
HINT

タブを追加すると、操作のためのボタン
などが追加されます。たとえば「Webサ
イト」の場合、別ウィンドウでタブを表示
するボタンやWebページの再読み込み
を行うボタン、Webサイトをブラウザ
で開くためのボタンなどが表示されてい
ます。
数や種類はアプリにより異なるので、ポ
インタを合わせてボタン名を確認して
みましょう。

# 04 | 多彩な表現が可能なOneNoteを使う

**Point**
- TeamsにOneNoteを追加して、チャネルやチャットで利用できる
- テキスト、画像、手書きを使って自由に情報を管理できる

## 1 「OneNote」を選択する

OneNoteは、Teamsでぜひ利用したいアプリの一つです。OneNoteをチャネルに追加するには、前のセクションの要領でタブ追加用の「＋」をクリックして、「OneNote」をクリックします。

## 2 新規ノートを作る

ここでは新たなノートを作るため「新規ノートブックを作成」をクリックし、作成するノート名を入力して、「保存」をクリックします。

**HINT OneNoteとは**

その名の通り、一つでいろいろな情報を管理できるノートアプリです。テキストはもちろん、画像やPDFの貼り付け、手書きの線の書き込みなどができ、多彩な表現で情報を管理できます。Teamsと同じく、Microsoftの Officeアプリのため、Teamsとも無理なく連携できます。

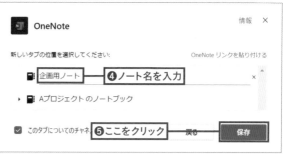

## 3 ページ名を入力する

ノートのタブが追加されました。ページ名を入力して、ノートを編集しましょう。「ホーム」には、テキストに関する機能が集められています。たとえば「シールノート」機能を使うと、さまざまな書式を簡単に利用できます。

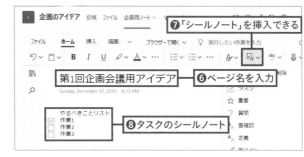

## 4 多彩な表現が可能

「挿入」からは、さまざまな要素をノートに挿入できます。また「描画」から書き込みもできます。チャネルのメッセージでは伝えきれない情報をわかりやすく共有できます。

💡 **HINT**
**スマホからOneNoteを利用する**

チャネルの「その他」タブから、作成したノートにアクセスできます。スマホで利用する場合、OneNoteのアプリがインストールされている必要があります。

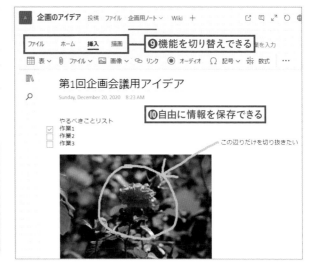

💡 **HINT**
**ナビゲーションを使ってノートを整理**

OneNoteで作成したノートは、セクション>ページの階層で構成されています。「ナビゲーション」を表示すると、目当てのセクションやページをクリックで表示できます。セクションを右クリックして、セクション名の変更、セクションやページの追加も可能です。またページを右クリックすると、ページの削除などを行えます。

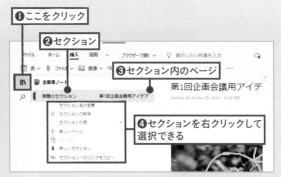

# さまざまなアプリを連携できる

Microsoft社が提供しているアプリだけでなく、多くのアプリを連携できるのもTeamsの特徴です。連携可能なアプリは日々増えていて、数百種類のアプリが連携できます。アプリを使って機能を追加することで、より使いやすい状態にカスタマイズできます。ここでは「アプリ」画面を紹介していますが、タブやチャネルなどからもアプリの追加ができます。下図のようなアプリの説明画面では、Teams内のメッセージやタブでどのように利用できるか、利用することで求められるアクセス許可などが書かれているので、追加する前に確認しましょう。

なお、チームの所有者は、アプリを追加できるユーザーを制限することができます。また、追加のアクセス許可が必要なアプリは、チームの所有者のみがインストールできます。アプリのインストールについて困ったときは、チームの所有者やTeamsの管理者に問い合わせてみましょう。

## 1 「アプリ」をクリックして選択する

「アプリ」をクリックすると、Teamsで利用可能なアプリを一覧表示できます。

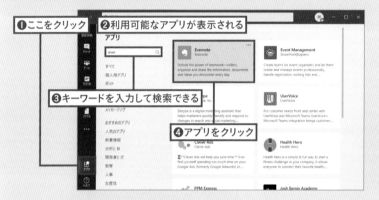

## 2 アプリを選択して設定する

アプリごとの説明が表示されます。「追加」をクリックし、必要な設定を行います。

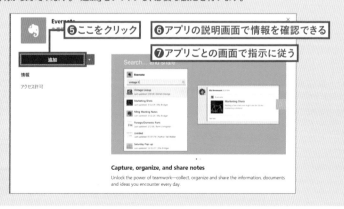

# 05 Teams内の情報を検索する

**Point**
- メッセージ、ファイルなどをまとめて検索できる
- 条件を追加して絞り込みも可能

## 1 キーワードを入力する

検索欄にキーワードを入力します。表示される候補をクリックして、内容を表示できます。すべての結果を表示するには【Enter】キーを押します。

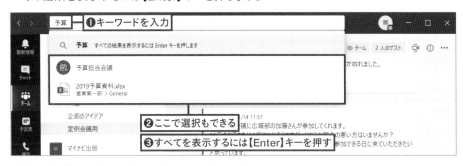

**①キーワードを入力**

**②ここで選択もできる**

**③すべてを表示するには【Enter】キーを押す**

### (HINT) スマホで検索するには

画面の左上部にある虫眼鏡のアイコンをタップし、表示される検索欄にキーワードを入力すると、検索結果が一覧表示されます。結果をタップして内容を表示できます。

## 2 検索結果をクリックする

目当ての情報の種類をクリックします。検索結果の一覧から、表示したい情報をクリックします。

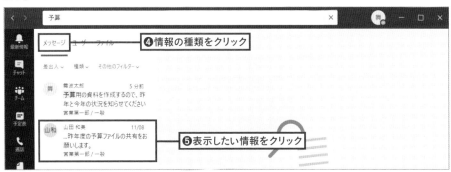

**④情報の種類をクリック**

**⑤表示したい情報をクリック**

## 3 内容が表示された

クリックした情報が表示されました。「×」をクリックして検索を終了します。

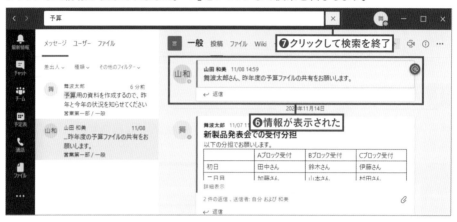

---

💡 **HINT**
### さまざまな条件で絞り込みできる

「差出人」やメッセージの「種類」を指定できるほか、「その他のフィルター」をクリックすると、件名や日付の範囲、チームやメンションの有無などで絞り込みも可能です。

---

💡 **HINT**
### 特定のチャットやチャネルを対象に検索する

対象のチャット（またはチャネル）を表示した状態で【Ctrl】キーと【F】キーを押すと、そのチャット内だけをすばやく検索できます。Macの場合は、【Cmd】と【F】キーで同様に利用できます。

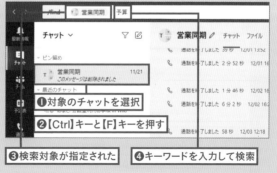

# 06 通知のオン・オフを切り替える

**Point**
- ●機能ごとに細かく通知の設定ができる
- ●チャットごと、チャネルごとのオン・オフも設定可能

## 機能ごとに通知を設定する

### 1 「設定」画面を表示する

機能ごとの通知は「設定」から
まとめて変更できます。プロ
フィールアイコンをクリックし、
「設定」を選択します。

❶ここをクリック

❷ここをクリック

### 2 チームとチャネルの通知を設定する

「通知」をクリックします。「チー
ムとチャネル」では、チームと
チャネル全体の通知について
の設定が可能です。

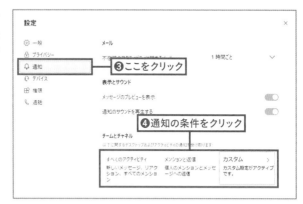

❸ここをクリック

❹通知の条件をクリック

---

**HINT**
### チャネル単位、チャット単位の設定も可能

「自分の部署のチャネルは新着メッセージの通知が欲しいけど、所属人数が多い支店全体のチャネルは通知をオ
フにしたい」など、チャネルの重要度やメッセージの量により、通知の必要性は異なります。Teamsでは、P68のよ
うにチャネルやチャットごとに通知の設定も可能です。手順2で選択する全体の設定と、個別の設定を組み合わ
せることで、より便利な環境を生み出せます。

## カスタム設定の場合

手順2の画面で「カスタム」を
クリックすると、より細かな設
定が可能です。「バナー」は
Teamsのウィンドウとは別に
表示される小さな通知で、
「フィード」はTeamsの「最新
情報」の「フィード」に表示され
る情報です。通知が不要なと
きは、「フィードにのみ表示」を
選びましょう。

❺通知のオン・オフを個別に設定できる

---

💡 **HINT** チャット、会議の通知は「編集」から設定できる

手順2の画面で「チャット」や「会議」の「編集」をクリックすると、それぞれの通知についても細かく設定が可能です。

---

# スマホで通知の設定をする

スマホ版Teamsでも、通知に関するさまざまな設定が可能です。アクティビティや機能ごと
に通知するケースを設定できるほか、時間帯や曜日を指定し、夜間や休日の通知をオフにで
きる「静かな時間中」、スマホで会議に出席している間の通知をオフにできる「会議の場合」な
ど、通知のブロックの設定が行えるのはスマホならではです。

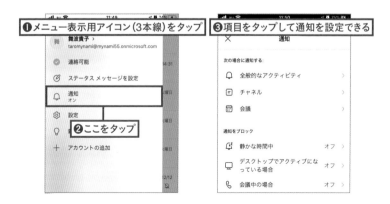

❶メニュー表示用アイコン（3本線）をタップ　❸項目をタップして通知を設定できる

❷ここをタップ

## チャット単位で通知をオン・オフする

対象のチャットにポインタを合わせて「…」をクリックし、「ミュート」を選ぶと通知をオフにできます。再度「…」をクリックし、「ミュート解除」を選択するとオンに戻ります。

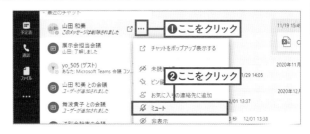

## チャネル単位で通知をオン・オフする

対象のチャネルにポインタを合わせて「…」をクリックし、「チャネルの通知」から通知の条件を選択できます。単純なオン・オフ以外に、「カスタム」から細かな設定もできます。

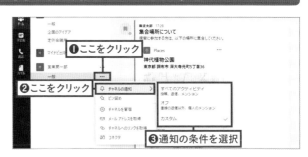

# スマホでチャット・チャネル単位の通知を設定する

スマホでチャネル単位の通知を設定するには、対象のチャネルを開き、画面右上の通知アイコンをタップして切り替えます。また、対象のチャットを開き、画面上部にあるチャット名をタップして詳細を開くと、チャット単位で「チャットの通知をミュート」のオン・オフを設定できます。

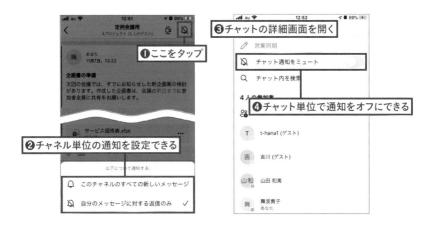

# 07 通知のプレビューをオフにするには

## 1 「メッセージのプレビューを表示」をオフにする

内容の一部が通知に表示されるプレビューは、Teamsを開かなくてもチャットなどを確認できる便利な機能ですが、意図しない相手に見られてしまう危険性もあります。P243の要領で「通知」の設定画面を開き、「メッセージのプレビューを表示」をオフにすると停止できます。

❶初期設定では通知に内容がプレビューされる

❷プロフィールアイコン>「設定」>「通知」をクリック

❸クリックしてオフにする

# スマホで通知のプレビューをオフにする

スマホでは、OSの機能で通知のプレビューをオフにできます。本誌で紹介しているiPhoneの場合、「設定」から以下の要領で変更できます。常時のオン・オフに加え、ロックされていないときのみオンにする設定も可能です。

❶「設定」画面で「通知」をタップ

❷アプリの一覧で「Teams」をタップ

❸「プレビューを表示」で設定を選択

# 08 相手が連絡可能になったら通知を受け取る

**Point**
- 折り返しを頼みにくい相手の在席をすばやく知ることができる
- チャットを選んで簡単に設定できる

## 1 「連絡可能になったら通知する」を選択

オンラインになったことを知りたい相手とのチャットの「…」をクリックし、「連絡可能になったら通知する」を選択します。なおこの機能は、1対1のチャットのみで利用できます。

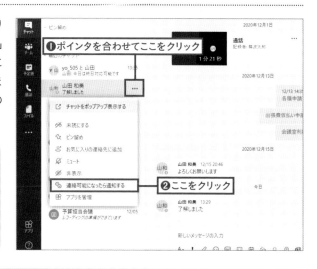

❶ ポインタを合わせてここをクリック

❷ ここをクリック

**HINT 通知をオフに戻すには**

「…」をクリックし、「通知をオフにする」を選択すると、「連絡可能になったら通知する」がオフになります。

**HINT オフラインになったときも表示を受け取るには**

指定した人のログイン状態をフォローし、その人が連絡可能またはオフラインになったときに通知を受け取ることもできます。P243の要領で「通知」の設定画面を開き、「ユーザー」の「編集」をクリックします。表示される画面で、「ユーザーの追加」にログイン状態をフォローしたい人の名前を入力しましょう。フォローが不要になったときは、「オフにする」をクリックすると削除できます。

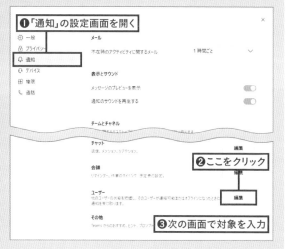

❶「通知」の設定画面を開く

❷ ここをクリック

❸ 次の画面で対象を入力

# 09 使用する組織を切り替える

**Point**
- 複数の組織に参加している場合、画面を切り替えて利用する
- 参加組織が1つの場合は、選択肢は表示されない

## 1 利用する組織を選択する

ゲストで参加しているなど、1つのアカウントで複数の組織に参加している場合、プロフィールアイコンの横に表示される組織名から、利用する組織を切り替えます。

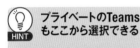

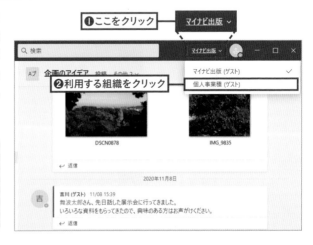

❶ここをクリック　マイナビ出版 ∨

❷利用する組織をクリック

---

**HINT**
**プライベートのTeams
もここから選択できる**

個人用の用途（P252）で利用する場合も、ここに選択肢が追加され、切り替えできます。

---

 ## スマホで組織を選択するには

スマホのTeamsも同様に、組織を切り替えて使用できます。メニュー表示用のアイコンをタップし、利用したい組織をタップします。

❶ここをタップ

❷利用したい組織をタップ

# 10 サインアウトする

## 1 利用する組織を選択する

日常的には、サインアウトをせずに利用することの多いTeamsですが、出先で別のPCを使った場合など、サインアウトを行いたいときは、プロフィールアイコンをクリックして、「サインアウト」を選択します。

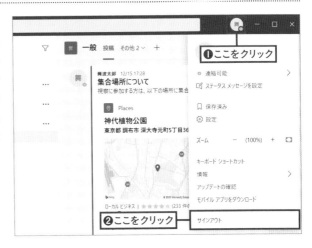

---

 ## スマホでサインアウトするには

スマホのTeamsでサインアウトするには、画面右上のメニュー（3本線）アイコンをタップし、「設定」をタップします。表示される画面で「サインアウト」をタップしてサインアウトできます。

Point
- 初期設定で設定されている自動起動はオフにできる
- OSの機能を使ってオフにしてもよい

## 1 設定画面を表示する

Teamsは、初期設定でPCの起動時に自動的に起動するよう設定されています。便利な反面、Teamsの利用頻度が低い場合には不要に感じることもあります。

自動起動をオフにするには、プロフィールアイコンをクリックして「設定」をクリックします。

## 2 自動起動のチェックを外す

「設定」の「一般」画面を表示し、「アプリケーションの自動起動」のチェックを外します。これで自動起動がオフになりました。

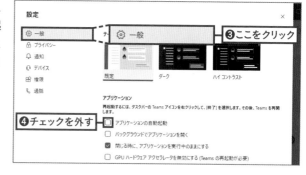

HINT

### OSの機能でも停止できる

アプリの自動起動は、OSの機能を使って停止することもできます。Windowsの場合は、「スタート」メニューから「設定」を開いて、「アプリ」をクリックします。左側の一覧で「スタートアップ」をクリックすると、PC内の各アプリの自動起動について設定できます。

# Teamsの画面で文字を大きく表示するには

Teamsでは、画面上の文字を大きさを簡単に変更できます。文字が小さくて読みにくいといったときは、次の方法で調節してみましょう。機能名やチャネル名などはもちろん、メッセージの文字の大きさも同時に拡大されます。

# ショートカットの一覧を表示するには

Teamsには、さまざまなショートカットキーが備わっています。「キーボードショートカット」を選択して一覧を表示できるので、利用頻度の高い機能のショートカットキーをチェックしてみましょう。操作のスピードがあがり、Teamsがより快適に利用できます。

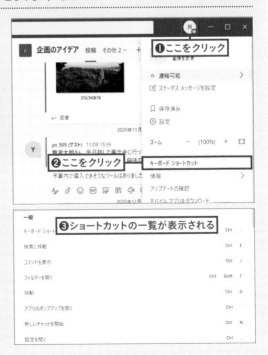

# プライベートでもTeamsを利用するための機能

Teamsは一般的に会社などの組織で利用しますが、2020年には、プライベートで利用するための機能のプレビュー版の提供を開始しています。個人用機能では、チャットやビデオ通話に加え、写真やファイル、予定表やタスク、位置情報を共有できます。スマホでの利用が中心となることが想定されますが、先に提供を開始したスマホ版に続き、2020年11月にはデスクトップ版Teamsでも個人用アカウントの利用が可能になりました。

個人用機能を利用するには、PC、スマホともに仕事用とは別に個人用のアカウントをTeamsに追加します。追加後は、ビジネス用と個人用のアカウントを簡単に切り替えて利用できます。操作の多くがビジネス版と似ているので、仕事でTeamsを利用している人は違和感なく利用できるでしょう。なお、デスクトップ版の個人用機能を利用するには、すでに利用している組織（会社や学校）が、個人用機能へのアクセスを有効化している必要があります。

また現状ではプレビュー版のため、地域や環境を限定している場合や、機能の更新も珍しくありません。たとえば現時点では、個人用アカウントでグループチャットをするには、相手もTeamsを利用している必要がありますが、すでに利用している連絡ツールがある相手に新たなアプリを導入してもらうのは、ややハードルが高いと言えるでしょう。このハードルを解消できる、相手がTeamsを利用しなくてもグループチャットができる機能は、原稿執筆時点で米国・カナダのみでプレビュー提供が開始されています。登場間もないこともあり、これからの発展に期待したい機能です。Microsoftのサイトでは、随時最新情報をチェックできます。

スマホでは、メニュー用のアイコンから「アカウントの追加」をタップして個人用アカウントを追加できる。PCの場合は、プロフィールアイコンをクリックして、「個人用アカウントを追加」を選んで追加できる

Microsoftの個人用Teamsについてのページ（https://www.microsoft.com/ja-jp/microsoft-365/microsoft-teams/teams-for-home）では、機能の紹介や「よく寄せられる質問」を公開している（2020年12月時点）

## 著者プロフィール

### 東 弘子 Hiroko Azuma

フリーライター&編集者。プロバイダー、パソコン雑誌編集部勤務を経てフリーに。ネットの楽しみ方、初心者向けPCハウツー関連の記事を中心に執筆。著書に「Pages・Numbers・Keynoteマスターブック2020」(マイナビ出版)など。

## STAFF

| | |
|---|---|
| DTP | 本薗直美(有限会社ゲイザー) |
| ブックデザイン | 納谷祐史 |
| イラスト(17ページ) | AP_Planning |
| 担当 | 伊佐知子 |
| | 古田由香里 |

本書の内容に関するお問合せは、pc-books@mynavi.jpまで、書名を明記の上お送りください。電話によるご質問には一切お答えできません。また本書の内容以外についてのご質問についてもお答えできませんので、あらかじめご了承ください。なお、質問への回答期限は本書発行より2年間(2023年2月まで)とさせていただきます。

---

マイクロソフト チームズ メザ タツジン キ ホンアンドカツ ヨウジュツ
# Microsoft Teams 目指せ達人 基本&活用術

2021年2月25日　初版第1刷発行

| | |
|---|---|
| 著者 | 東 弘子 |
| 発行者 | 滝口 直樹 |
| 発行所 | 株式会社 マイナビ出版 |
| | 〒101-0003　東京都千代田区一ツ橋2-6-3　一ツ橋ビル 2F |
| | TEL：0480-38-6872 (注文専用ダイヤル) |
| | TEL：03-3556-2731 (販売) |
| | TEL：03-3556-2736 (編集) |
| | 編集問い合わせ先：pc-books@mynavi.jp |
| | URL：https://book.mynavi.jp |
| 印刷・製本 | 株式会社ルナテック |

©2021 東 弘子, Printed in Japan
ISBN：978-4-8399-7500-5